건축가, 빵집에서 온 편지를 받다

PANYA NO TEGAMI
: OUFUKUSHOKAN DE TADORU SEKKEIIRAI KARA TATEMONOKANSEI MADE
© YOSHIFUMI NAKAMURA 2013
© TOMONORI JIN 2013
Originally published in Japan in 2013 by Chikumashobo Ltd., TOKYO,
Korean translation rights arranged with Chikumashobo Ltd., TOKYO,
through TOHAN CORPORATION, TOKYO and Eric Yang Agency, Inc., SEOUL.
Korean translation rights © 2013 by The Soup Publishing Co.

이 책의 한국어판 저작권은 EYA(Eric Yang Agency)를 통한
저작권자와의 독점 계약으로 도서출판 더숲에 있습니다. 저작권법에 의해
한국 내에서 보호를 받는 저작물이므로 무단전재와 복제를 금합니다.

세계적 건축가와 작은 시골 빵집주인이 나눈 세상에서 가장 따뜻한 건축 이야기

건축가, 빵집에서 온 편지를 받다

건축가 나카무라 요시후미, 건축주 진 도모노리가 함께 씀 | 황선종 옮김

더숲

머리말 _ 나카무라 요시후미

빵으로 만든 집

한 달에 두 번 사무실에 큰 골판지 상자가 택배로 온다. 홋카이도의 맛카리무라에서 보낸 것이다. 상자 안에는 장작가마에서 구운, 길이가 40센티미터나 되는 깜빠뉴(시골풍의 빵), 바게트, 루스티크, 호밀 빵, 말린과일 빵, 벌꿀 빵, 치즈 빵, 밤 롤빵, 호두와 무화과 빵, 크루아상, 초코 크루아상, 구겔후프 등 다양한 빵이 들어 있다.

밀봉한 테이프를 뜯으면 향기로운 빵 냄새가 틈 사이로 빠져나와 방 안에 퍼지고, 나는 그 향기를 깊이 들이마시며 눈을 살며시 감고 음미한다.

굳이 말할 필요도 없겠지만 이 빵을 보내주는 사람은 맛카리무라에서 빵집 '블랑제리 진Boulangerie JIN'을 운영하는 진 도모노리 씨다. 이 책의 또 다른 저자이기도 하다.

2009년 3월, 진 도모노리 씨에게 처음 설계를 의뢰하는 편지를 받았을 때부터 새로운 빵집을 만드는 이야기는 시작된다.

 "처음 뵙겠습니다" 하며 이름을 소개하는 편지를 주고받은 뒤 기대에 찬 첫 대면이 있었고, 맛있는 요리를 먹으면서 술잔을 기울이며 유쾌하게 이야기를 나누고 난 뒤 서서히 설계 작업에 들어갔다, 이렇게 글을 써야 마땅하지만 사실 설계 작업에 들어가지는 못했고 다만 시작하겠다는 마음만 먹었다. 평소에 주로 주택설계 일만 해왔기 때문에 장작을 때는 빵 가마에 대한 지식이 전무했을 뿐만 아니라, 빵의 생지(빵반죽)를 만드는 작업은 물론 빵 공방에 어떤 도구나 기계가 필요한지도 전혀 몰랐기 때문이다.

 그렇기 때문에 그 뒤 빵에 대해 미주알고주알 조사하고 실제 빵 만드는 일을 꼼꼼하게 견학했다. 그러고 나서도 틈틈이 진 도모노리 씨와 편지·팩스·이메일 등을 주고받고, 전화로 의견을 묻기도 하고, 맛카리무라에 직접 가서 미팅도 하면서 설계를 해나가고 공사를 진행해갔다.

 이 책은 이런 작업 과정 속에서 그와 내가 주고받은 편지와 팩스, 이메일을 뽑아 정리한 것이다.

 그동안에 주고받은 편지를 찬찬히 다시 읽어보니 설계나 공사 내용에 대해서 의견이 대립했던 적이 없었다는 사실을 알게 되었다. 딱 한 번 사소한 갈등이 있었던 것 외에는 대체로 평온한 분위기 속에서 편지를 주고받았으며, 점차 서로에 대한 이해가 깊어지고 신뢰관계가 착실하게 구축되어갔다. 설계 의뢰자와 건축가 사이에는 무엇보다도 서로의 마음이나 입장을 존중하고 경의를 표하는 신뢰 관계가 쌓여야 하는데, 그런 점에서 손으로 쓴 편지가 큰 도움이 되었다. 나는 설계자에게 보내는 연락이나 보고를 위한 사무적인 편지라기보다는 친구에게 편지를 쓰는 듯한 느낌이었는데, 아마 진 도모노리 씨도 같은 마음이었을 터이다.

이와 같이 담백한 마음으로 편지를 주고받은 행위를, 하나하나 돌을 쌓아올리는 석조건축에 비유할 수 있지 않을까. 하나하나를 살펴보면 별다른 특징이 없는 돌이지만 그것들이 쌓이고 나면 견고하고 존재감이 있는 건물이 된다. 비록 석조건물이 아니라 소박한 목조건물이지만 이와 같은 과정을 거쳐 빵집 '블랑제리 진'이 새롭게 완성되었다.

이 시점에서 서두에 언급한 택배로 받은 빵에 대한 이야기로 돌아가자. 기본 설계가 끝났을 때 나는 진 도모노리 씨에게 설계 비용의 절반을 빵으로 받고 싶다는 편지를 보냈다. 우리 사무실 직원들은 한결같이 식탐이 많은데 매일 점심을 직접 만들어 먹기 때문에 맛있는 빵이 정기적으로 배달된다면 식사 메뉴가 풍부해져 모두 떨 듯이 기뻐할 터이기 때문이다.

그러자 진 도모노리 씨에게 바로 답장이 왔다.

"설계 비용의 절반을 빵으로 지불해달라는 따뜻한 마음씨에 깊이 감사를 드립니다. 그럼, 선생님 말에 못이기는 척하며 빵으로 지불할게요. 이번 달부터 한 달에 두 번씩 블랑제리 진이 나카무라 요시후미 선생님의 사무실이 없어질 때까지 빵을 보내드리겠습니다."

결국 매달 받게 된 빵 값이 설계비보다 더 나오게 될지 어떨지는 내 사무실의 존망에 달려 있게 된 셈이다.

차례

| 머리말 | 빵으로 만든 집_나카무라 요시후미 | 4 |

2009년 3월 7일	처음 뵙겠습니다. 홋카이도 맛카리무라에 사는 진 도모노리라고 합니다	29
2009년 3월 12일	'작은 빵집'의 설계를 기꺼이 맡겠습니다	33
2009년 6월 10일	저는 빵 가마에도 신이 깃들어 있다고 믿고 있습니다	37
2009년 6월 24일	성실한 생활을 그대로 받아들이고 있는 집의 모습에 눈이 번쩍 떠졌어요	40
2009년 6월 30일	우리가 사는 곳 정도는 직접 만들어보고 싶었지요	46
2009년 7월 13일	문제는 목조건물을 가장자리에서 지탱하고 있는 기초 부분이에요	49
2009년 9월 12일	빵집에서의 세세한 일이나 하루의 흐름 같은 얘기를 주고받아야 할 것 같아요	52
2009년 9월 20일	걱정했던 대로 창고 기초 보강이 어려운 문제이며……	55

2009년 10월 3일	새로 짓는 빵집에서도 지금과 변함없는 마음으로 일할 수 있게 되기를	60
	★ LEMM HUT 순례 ｜ MITANI HUT 순례	64 ｜ 66
2010년 1월 20일	건물에서 나카무라 선생님의 '육성'을 들은 듯합니다	68
	두 개의 들보를 십자가의 모양으로 공중에 걸쳐 놓는다면	72
2010년 1월 28일	건물 한가운데를 통로가 지나감으로써 방 배치에 대해 답답했던 마음도 풀렸어요	74
2010년 2월 5일	빵을 굽는 일은 몸과 마음을 건강하게 해주는 직업이군요	78
	★ 설계 과정에 대해서(1안~7안)	80
2010년 4월 22일	오래된 들보가 창고와 새로운 건물을 연결해주는 바통 역할을 해주지 않을까요	111
2010년 4월 30일	이제 은행 대출만 받으면 본격적인 항해가 시작되겠네요	115
2010년 6월 2일	외벽과 내장을 좋아하는 색으로 칠해서 가게 특유의 멋을 내고 싶어요	119

2010년 6월 10일	색을 결정하는 즐거움은 서두르지 말고 좀 더 나중에 누리도록 하죠	122
2010년 6월 30일	중요한 상량식인데 떡 대신 빵을 뿌리면 어떨까요	124
2010년 7월 6일	기둥이 서고 들보가 올라가고 삼각형 모양의 지붕이 모습을 드러냈을 때 마음이 푹 놓이더군요	128
2010년 8월 16일	기능성이나 합리성이 뒷받침된 건축이야말로 '아름답다'	131
2010년 8월 16일	굳이 이렇게까지 엄하게 지적해주시지 않아도 되지 않을까…… 하는 생각이 들어요	134
2010년 8월 21일	도모노리 씨는 의뢰인이자 동시에 공동 설계자입니다	137
2010년 9월 3일	역시 나카무라 선생님의 '무서운 레밍하우스 군단!'이었습니다	142
2010년 9월 6일	직원들은 맛카리무라에서의 성취감에 우쭐대고 있답니다	145
2010년 10월 12일	따끈따끈한 요리를 식탁에 올려놓기 전에 느끼는 흥분과 긴장이 감돕니다	148

2010년 11월 1일	일단 가마에 넣으면 가마의 뜻에 맡길 수밖에 없으니, '케 세라 세라'를 새기면 어떨까요	**151**
2010년 11월 12일	빵굽는 사람에게 잊을 수 없는 기억은 새로운 빵 가마로 첫 빵을 구울 때죠	**171**
2010년 11월 20일	건물이 설계자의 손을 떠나, 사는 사람의 손때가 묻으면서 살기 편하게 변해가는 모습은 건축가에겐 기쁨이죠	**174**
	건축 작업은 계속 이어진다_나카무라 요시후미	**189**
	이렇게 생긴 트리하우스가 좋아요	**195**
맺음말	삶을 담은 건축_진 도모노리	**201**

맛카리무라, 블랑제리 진 빵집의 전체 배치도. 조립식 패널을 이용해서 직접 지은 가게 겸 집, 진 도모노리 씨 부부가 손수 벽돌로 쌓아 만든, 빵 굽는 장작가마가 설치된 작은 벽돌집, 오래전부터 마당에 있던, 양철 지붕을 얹은 창고가 멀지도 가깝지도 않은 위치에 있다. 장작가마 벽돌집의 오른쪽 뒤에는 홋카이도의 후지산으로 불리며 맛카리무라 마을을 상징하는 요테이잔 산이 우뚝 서 있다.

(왼쪽 페이지) 상단 왼쪽 화력이 강한 졸참나무나 상수리나무 등 단단한 나무를 잘게 쪼개서 장작으로 쓴다.

상단 오른쪽 장작가마 안의 불의 세기를 살펴보면서 장작을 지피는 진 도모노리 씨.

하단 가마를 데우기 위해 한 아름이나 되는 불기둥이 올라갈 정도로 장작을 땐다. 빵은 가마의 복사열로 굽기 때문에 빵을 구울 때는 원칙적으로 장작을 때지 않는다.

(오른쪽 페이지) 자신의 '작은' 빵집 설계를 의뢰한 진 도모노리 씨.

(왼쪽 페이지) 손수 만든 장작가마는 진 도모노리 씨의 훌륭한 파트너다. 그가 일하는 모습을 보면 쓸데없는 행동이 전혀 없다. 담담하게 생지(빵반죽)를 가마에 넣고 묵묵히 구워진 빵을 꺼내고 있는 듯 보이지만, 이 담담한 모습 뒤에는 오랜 경험으로 몸에 밴 주도면밀한 준비 작업이 있다는 사실을 잊어서는 안 된다.

(오른쪽 페이지) 장작가마 벽돌집 내부의 모습. 직접 손으로 만들었다는 사실을 느낄 수 있는 질박한 가마와 그 주변.

가게 개점 시간은 9시. 그날 만든 빵이 다 팔리면 문을 닫는다. 가게를 담당하는 아내 진 마리 씨는 개점 전부터 부지런히 움직이며 준비를 한다. 외출하기 좋은 계절에는 9시 전부터 사람들이 가게 앞에서 줄지어 기다린다.

장작가마에서 막 구운 빵을 꺼내 가게로 들고 가는 진 도모노리 씨. 장작가마 벽돌집이 얼마나 작은지 알 수 있다. 가게와 따로 떨어져 있기 때문에 비가 오거나 눈이 오면 빵을 나르기가 불편하다. 이런 불편한 점도 새로 집을 짓기로 결심한 하나의 계기가 되었다.

가게 겸 집(왼쪽 페이지), 창고(오른쪽 페이지 왼쪽 사진), 장작가마 벽돌집
(오른쪽)의 모습. 건물들이 한결같이 주위 풍경과 하나가 되어 두드러지지
않는다. 주변에 표지가 될 만한 것이 없기 때문에 빵을 사러 온 손님들이
길을 헤매다가 그냥 돌아가는 경우도 종종 있는 모양이다.
이날은 10월인데도 첫눈이 내렸다.

(오른쪽 페이지) 상단 가게 정면. 하얀 차양막과 유리문만이 가게를 나타내는 표지다. "이런 곳에서?" 그렇다. 이런 곳에서 천연효소로 만든 '진짜 빵'을 살 수가 있다.

하단 가게 겸 집의 평면도. 건물의 1/3을 가게와 빵 공방이 차지하고 있다. 주거공간은 아주 간소한 원룸이다.

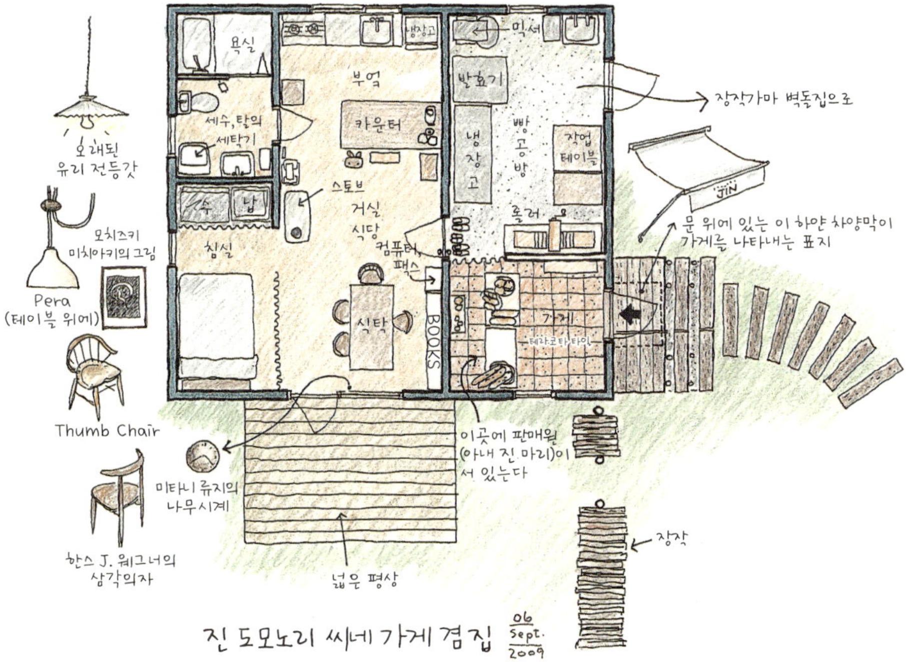

진 도모노리 씨 가족의 생활을 엿볼 수 있는 실내. 직접 만든 내부에서 뭐라고 말할 수 없는 포근하고 따뜻한 분위기가 느껴진다. 수작업이 자아내는 독특한 분위기.

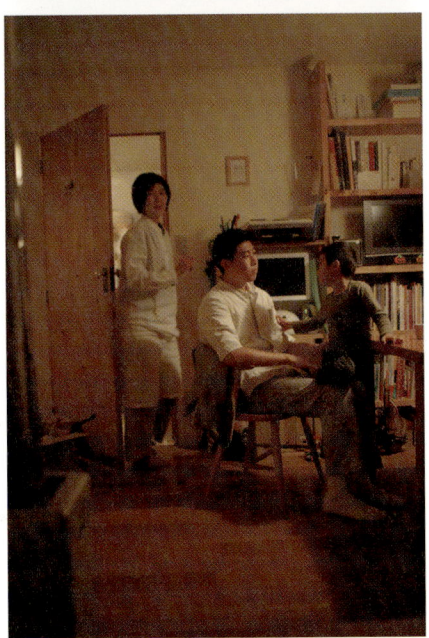

맛카리무라의 빵집 주인 진 도모노리 씨, 건축가 나카무라 요시후미에게
빵집 설계를 의뢰하는 편지를 보내다

처음 뵙겠습니다.
홋카이도 맛카리무라에 사는
진 도모노리라고 합니다

2009년 3월 7일
건축가 나카무라 요시후미 선생님에게

처음 뵙겠습니다. 홋카이도 맛카리무라(真狩村)[1]에서 사는 진 도모노리(神幸紀)라고 합니다.

맛카리무라는 손바닥만 한 마을이며, 저는 이곳에서 아내와 네 살배기 아들과 함께 조립식 패널로 만든 작은 집에서 빵집 '블랑제리 진'을 운영하며 살아가고 있어요.

빵집에서 몇 발자국 떨어진 곳에 장작가마를 설치해놓고 거기에서 빵을 굽고 있죠. 그런데 공방과 가마가 따로따로 떨어져 있어 수시로 들락날락해야 하는 번거로움이 있습니다. 게다가 매장도 작아

*1 홋카이도 남서부에 위치해 있으며 삿포로에서 차로 두 시간 걸린다. 요테이잔(羊蹄山) 산기슭에 있는 조용한 농촌으로, 근처에 스키로 유명한 니세코가 있다.

손님 서너 명만 들어와도 발 디딜 틈이 없을 정도지요. 요즘에는 이런 점들이 불편하게 느껴지고 또한 여러 가지 문제도 생겨 이참에 새롭게 건물을 짓고 빵 가마도 큰 것으로 바꾸자는 계획을 세웠습니다.

가족끼리 운영하는 빵집이기에 새로 짓는 건물이 식사도 하고 아이도 키우는 곳이기도 하며 생활하는 곳이자 일하는 곳이기도 해요. 일상생활과 일이 분명하게 구분되어 있지 않고 뒤섞여 있죠. 이런 생활을 자연스럽게 할 수 있는, 융통성 있고 간소하고 밝은 건물을 부탁드리고 싶어서 이렇게 편지를 쓰게 되었습니다.

저희는 주로 그냥 단순하게 구워서 내놓기만 하는 소박한 빵을 만들고 있어요. 별도로 마무리 작업을 하지 않기 때문에 다 구워진 빵의 표정에 마음을 담아 만들고 있죠. 따라서 이와 같이 단순하고 간소하고, 그곳에서 일을 하면 마음이 안정되고 편안해지는, 자연스럽

*2 일본을 대표하는 건축가(1950년~). 건축가로서 활약하는 한편, 사회와 건축에 관심을 갖고 토목이나 조경 등 도시 경관을 직업의 범위로 확립하기 위해 'GS(GROUNDSCAPE)디자인 회의'를 발족했다. 도쿄 대학과 와세다 대학에서 교편을 잡는 등 뛰어난 교육자로서도 활동하고 있다. 대표작으로는 미에 현의 〈바다의 박물관〉, 나가노 현의 〈아즈미노 치히로 미술관〉 등이 있다. 나카무라 요시후미는 아즈미노 치히로 미술관의 가구 디자인을 담당했다. 이 책의 저자 중 한 명인 진 도모노리 씨가 독립하기 전에 일했던 레스토랑 맛카리나는 나이토 히로시가 1998년에 설계한 작품이다.

*3 맛카리무라에서 나는 채소를 아낌없이 사용하는 요리와 요테이잔 산이 한눈에 들어오는 멋진 풍광을 즐길 수 있는 레스토랑 겸 여관. 아침에는 블랑제리 진(Boulangerie JIN)에서 만든 다양한 빵이 제공된다.

게 다가오는 공간을 꿈꾸고 있어요.

커다란 빵 가마를 설치할 수 있는 공방, 장작을 패는 방과 쌓아놓는 곳, 밝고 기분 좋은 지나치게 넓지 않은 매장, 그리고 한쪽 구석에는 생활공간이 있어야 해요. 거창하게 보이지 않고 겉으로 봐서는 가게라고 여겨지지 않는 평범한 건물이 저희 가족이 그리고 있는 빵집이에요.

저희가 살고 있는 맛카리무라에 대해 간단하게 소개드릴게요. 아름다운 자연으로 둘러싸인 농촌이며 요테이잔이란 산이 마을의 상징적인 존재지요. 그 산에서 솟아오르는 물로 마을사람들이 생활을 영위하고 있으며, 온갖 채소가 풍부하게 재배되고 어디에 내놔도 손색없는 프랑스 레스토랑도 있죠. 이곳은 건축가 나이토 히로시(内藤廣)*2 씨가 설계한 레스토랑(맛카리나*3)으로, 저도 그곳에서 일한 적이 있고 그것이 계기가 되어 이 마을에 눌러 살게 되었죠. 바로 옆에 있는 텃밭에서 수확한 채소로 만들어 내놓는, 소박하고 정성이 담긴 요리를 맛볼 수 있는 곳이에요.

저희가 만드는 빵도 소박하고 단순합니다. 그저 밀을 빻고 장작을 패고 불을 지펴서 빵을 구울 뿐이죠. 이곳은 재료나 대지를 자연스럽게 느낄 수 있는 곳이에요.

예전에는 빵을 가마에 넣을 때 십자를 긋고 기도를 드렸다고 합니다. 가마 속의 빵이 부풀어오르고 노릇하게 구워지는 모양을 매우 신비스럽게 여겼죠.

우리도 가마 속에 넣고 난 뒤 맛있게 구워지도록 손을 모아 빌고 있으니 기도하는 마음은 예전이나 지금이나 다르지 않은 것 같습니다. 저는 조용하고 기도를 드릴 수 있는 공간에서 하루하루 살아가고 싶은 바람을 갖고 있습니다.

이런 저희 가족의 꿈을 이룰 수 있는 작은 빵집을 부탁드립니다.

홋카이도 맛카리무라에서
진 도모노리(34세), 마리(38세), 고타로(4세) 드림

편지를 받고 감동한 나카무라 요시후미는
흔쾌히 의뢰를 받아들이고 설계를 수락하는 편지를 쓴다

'작은 빵집'의 설계를
기꺼이 맡겠습니다

2009년 3월 12일
진 도모노리 씨, 마리 씨, 고타로에게

처음 뵙겠습니다. 나카무라 요시후미예요.
보내주신 설계 의뢰 편지를 기쁜 마음으로 읽어보았어요.
오랜만에 직접 손으로 쓴 의뢰 편지를 받아서 그런지 가슴속에 등불이 켜진 듯이 따뜻한 기분을 느끼면서 여러 번 되풀이해 읽어보았습니다.
편지를 읽다보니 15~20년쯤 전까지만 해도 설계 의뢰는 대부분 손으로 쓴 편지였다는 사실이 떠올랐어요. 그런데 어느새 컴퓨터 자판을 두들겨서 편지를 쓰게 되었고, 요즘에는 아예 이메일로 문의나 의뢰를 하는 경우가 많아졌죠. 이런 변화에 저 자신도 익숙해져서 그다지 어색한 느낌도 없이 지내왔는데, 이번에 진 도모노리 씨가 보낸 편지를 읽으면서 그것이 얼마나 큰 변화였는지, 그리고 얼마나 느낌이 다른지에 대해 새삼 깨닫게 되었어요.

이 '다른 느낌'에 대해 일일이 다 쓰자면 글이 길어지겠고 아주 간단하게 표현하면, 손으로 쓴 편지에서는 글쓴이의 체온과 숨결(육성이라고 해도 좋을지도 모르겠네요)이 분명하게 전달되는 듯한 느낌이 들어요. 그리고 무엇보다도 이런 점을 느끼는 것이 설계할 때 중요한 단서가 될 듯싶고요.

하나만 더 편지에 대한 감상을 말하고 싶어요.

진 도모노리 씨의 편지를 끝까지 읽고 나서 저는 무심코 "와아" 하며 감탄했어요. 글 전체에서 풍기는 차분한 느낌, 적확한 단어 사용과 간결한 표현, 틈틈이 써온 듯한 글씨로 이루어진 구체적인 내용……을 읽으면서(아니 편지봉투에 적힌 주소와 이름을 보았을 때부터) 진 도모노리라는 사람은 사십대 후반에서 오십대 초반 아니 어쩌면 저와 비슷한 나이일지도 모른다고 생각했죠. 설사 그렇지 않더라도 머리에 흰머리가 섞이기 시작한 나이임이 틀림없다고 판단했어요. 그런데 편지 말미에 34세라고 적혀 있는 것이에요! 정말 깜짝 놀랐죠. 실례되는 말이지만, 나이에 비해 너무 어른스럽지 않나 하는 생각이 문득 머리에 떠오르더군요.

아, 그러고 보니 정작 중요한, 의뢰에 대한 답변을 드리지 않았네요. 나이를 먹을 만큼 먹었는데도 여전히 편지를 간결하게 쓰지 못

해요(나이는 관계가 없을지도).

커다란 빵 가마를 설치할 수 있는 공방, 장작을 패는 방과 쌓아놓는 공간, 지나치게 넓지 않은 밝고 기분 좋은 매장을 오밀조밀하게 갖추고 있는 진 도모노리 씨의 '작은 빵집' 설계를 기꺼이 맡겠습니다. 아니 이 일을 다른 건축가에게 건네줄 수 없다, 라는 심정이에요. 이 작은 빵집 설계야말로 제가 해야 할 일이며, 작은 집을 좋아하는 저의 진가를 보여줄 수 있는 절호의 기회라고 생각했기 때문이죠.

수많은 건축가 중에서 저에게 이 일을 의뢰해주셔서 가슴 깊이 감사를 드려요. 건축가로서 더 바랄 나위가 없는 이 일을 함께 즐기면서 소중하게 해내고 싶어요.

끝으로 가능한 한 빠른 시일 안에 맛카리무라를 찾아가서 건축 예정지를 둘러보고, 진 도모노리 씨 가족이 살아가는 모습을 보고 싶네요. 또한 모처럼의 기회이기에 친구인 나이토 히로시가 설계한 맛카리나에서 머물면서 소문난 프랑스 요리도 맛보고 싶고요.

그럼, 다음에 또.

맛카리무라에서 뵙게 될 날을 고대하고 있겠습니다.

나카무라 요시후미

- 2009년 6월 2일 → 3일 나카무라 요시후미는 삿포로에 거주하는 건축가 신카이 다카유키(新貝孝之, 나카무라 요시후미가 홋카이도에서 맡는 일을 전면적으로 도와주는 건축가)와 함께 진 도모노리 씨가 운영하는 빵집 블랑제리 진을 찾아갔다. 진 도모노리 씨 가족과 처음 만나 의기투합했다.
- 6월 7일 맛카리무라에서 빵집 터와 블랑제리 진, 그리고 진 도모노리 씨네 가족의 일상을 본 뒤 창고를 개량하는 초안(제1안)을 작성했다(설계도는 80쪽을 참고).
- 6월 9일 신카이 다카유키가 맛카리무라를 다시 찾아가서 Y건축시공사의 미치즈카 씨와 창고 실측조사를 실시했다.

맛카리무라에 와서 빵집 설계에 대한 이야기를 해주셔서 감사하다고 말하고
빵 만드는 공방의 모습과 문제점 등을 털어놓는다

저는 빵 가마에도
신이 깃들어 있다고 믿고 있습니다

2009년 6월 10일
나카무라 요시후미 선생님에게

지난번 멀리 맛카리무라까지 와주셔서 정말 감사했어요.
덕분에 시간 가는 줄 모르고 즐거운 시간을 보냈습니다. 게다가 빵집 설계도 흔쾌히 맡아주셔서 한시름 놓았고요.
새로 집을 짓는다는 것을 실감하면서 건축 잡지 등을 보다보니 절로 가슴이 들떴습니다. 이제 어느 정도 마음이 안정된 상태에서 "창고를 개량해서 빵집을 짓자"는 선생님의 제안을 다시 한 번 생각해보니 무척 신선한 느낌이 듭니다. 저희에게는 그런 검소한 느낌을 주는 집이 딱 알맞은 것 같아요.

이번 건축 계획에서 무엇보다도 제가 중요하게 생각하는 점은 빵을 위한 환경을 갖추는 겁니다. 제빵 시스템이야 굳이 말할 필요도 없는 일이며, 정신적으로 충족되고 빵하고도 마주설 수 있는, 그런 공간을 꿈꾸고 있어요.

빵을 만드는 공방은 통탕통탕 뛰어다니고 여러 가지 작업이 겹치고 시간에 쫓기며 일해야 하는, 여하튼 소란스러운 곳이죠. 하지만 빵을 가마에 넣을 때는 그 일에만 집중해야 하는, 정신적으로 조용한 시간이 필요한 장소이지요. 그래서 공방과 가마가 설치되는 방은 하나이지만, 뭔가 그 사이에 기분을 전환할 수 있는 공간이 있었으면 합니다. 빵 기계나 가게 냉장고가 돌아가면 현재의 공방은 열로 가득차고 매장까지 푹푹 찌게 돼요. 이런 점도 해소될 수 있으면 좋겠습니다.

그리고 또 한 가지, 이것은 요망이자 상담을 드리고 싶습니다. '벽돌'이 마음에 걸리네요. 그동안 정이 들었고 이것도 장작이나 빵의 생지, 나무주걱 등과 같이 저에게는 동료와 같은 것이기에…….

『집을, 순례하다』에 나오는 아스플룬드[*1]의 〈여름의 집[*2]〉을 무척 좋아해요. 동화 속의 난로와 같은 〈여름의 집〉의 벽난로가 살아 있는 생물처럼 느껴지듯이, 저는 빵을 굽는 가마에도 신이 깃들어 있다고 믿고 있어요. 그날의 빵을 다 굽고 나면 "오늘도 고생 많이 했어요" 하며 토닥여주고 싶어지죠.

매장은 아내의 영역이니 적당한 때에 희망사항이나 상담을 해주셨으면 좋겠습니다. 될 수 있으면 가을 무렵에 미요타에 있는 나카

*1 군나르 아스플룬드(1885~1940년). 북구 모더니즘의 선구적인 스웨덴 건축가. 콤페티션에서 당선된 뒤 완성되기까지 25년의 세월이 걸린 〈스톡홀름 숲의 화장터〉를 비롯해서 예배당, 묘지, 화장터 등 죽음과 관련된 작품이 많다. 건축 이외에 동화적인 매력을 풍기는 가구도 수두룩하게 남겼다.

*2 스톡홀름에서 자동차로 1시간 30분. 풍요로운 자연 속에 화강암 바위산 등에 지고 세워진 아스플룬드의 별장. 식당 한구석에 손바닥으로 쓰다듬은 듯한 둥그스름한, 마치 동화 속의 집을 연상시키는 벽난로가 있다.

*3 64쪽 참조. 나가노 현 미요타(御代田)의 아사마잔 산기슭에 있다. 나카무라 요시후미가 종종 가서 휴식을 취하는 통나무집. 나카무라 요시후미는 주말에 직원이나 친구들과 함께 이 통나무집에서 에너지를 자급자족하는 생활을 실험하면서 삶을 즐기고 있다.

무라 선생님의 〈일하는 오두막집〉 즉 〈LEMM HUT*3〉에 가보려고 해요. 선생님께서 함께 가실 수 있다면 더할 나위 없이 좋을 것 같아요. 〈LEMM HUT〉에서 와인과 빵을 먹으며 즐겁게 얘기를 나누고 싶습니다.

다음에 또 만날 날을 고대하고 있을게요.

진 도모노리

나카무라 요시후미는 빵 가마 벽돌집과 가게와 주거가 일체가 된 곳에서 살아가는
진 도모노리 씨 가족을 만나보고 깊은 감명을 받는다

성실한 생활을 그대로 받아들이고 있는
집의 모습에 눈이 번쩍 떠졌어요

2009년 6월 24일
진 도모노리 씨와 마리 씨에게

안녕하세요. 지난번에는 여러 가지로 정말 고마웠어요.
사실 맛카리무라에서 돌아온 뒤, 왠지 모르게 늘 하던 일이 손에 잡히질 않고 얼마 동안 멍하니 있었지요. 일종의 맛카리무라 후유증이라고 할 수 있겠죠. 맛카리무라에서 이틀을 지내면서 보고 듣고 겪었던 일―진 도모노리 씨네 집, 생활하는 모습, 허술하다고 해도 좋을 정도로 지극히 소박한 그래서 매력적인 빵 가마 벽돌집, 거기에서 구워 나오는 노릇노릇한 빵, 고타로와 즐겁게 놀던 일―을 떠올리면서 이제부터 설계할 집에 대해 이것저것 생각을 하고 있는 중

이에요.

　이번에 일정을 좀 무리하게 조정하여 처음에 예정했던 날짜보다 빨리 맛카리무라를 방문했던 게 잘한 일이라는 생각이 들어요. 편지에서 받은 인상을 그대로 갖고 있으면 그것이 어느새 고정관념으로 형성되어 현실과 동떨어지기 십상인데, 다행히도 그렇게 되기 전이었기 때문이죠.

　맛카리무라에 들어가서 잠깐 길을 잃고 헤매다가 저 멀리 맞배지붕을 얹은 단층집이 보여서, 그쪽으로 더 가다보니 길가에 세워진 'Boulangerie JIN'이란 수줍은 듯한 간판이 눈에 들어오더군요. 왜 그리 기쁘던지 "와 다 왔다, 다 왔어" 하는 소리가 절로 튀어나왔어요. 그리고 대문 앞에서 저를 기다리던 도모노리 씨와 가볍게 고개 숙여 인사를 했는데, 그 순간 '뭐야, 흰머리는커녕 생각했던 것보다 훨씬 젊은 사람이잖아!' 하며 헛물을 켠 듯한 기분이 들었지요. 짧은 머리에다가 동안이기 때문인지 도모노리 씨는 나이보다 훨씬 더 어려 보이더군요. 편지에서는 어른스럽게 보이고 실제로는 어려 보이는 변화무쌍한 모습을 지녔더군요.

　하지만 헛물을 켠 듯한 느낌은 여기까지였어요. 투 바이 포 공법 조립식 패널을 이용해서 직접 지은[*1] 건물 안의 매장을 둘러보고 생활하는 방을 보았을 때 '아, 이거 아는데…… 이것도 알고 저것도 알지' 하는 느낌을 받았죠. 매장에는 제 친구인 미타니[*2]가 만든 큼직한 나무그릇이 사용되고 있었으며, 안내받은 실내에서 제일 먼저 눈에 들어온 것은 제가 디자인한 조명기구였어요. 그뿐만이 아니라 식

*1 2004년, 적은 비용으로 가게와 방을 만들기 위해 진 도모노리 씨는 투 바이 포 공법으로 캐나다산 목재를 이용하여 조립식 주택을 지었다. 기초공사, 급배수, 가스공사, 전기공사는 전문업체에 의뢰했지만, 단열재를 발주하고 외벽을 세우고 바닥에 나무를 깔고 회반죽을 바르는 공사 등은 자신이 직접 약 반 년에 걸쳐 완성했다. 그 뒤에도 아이의 성장이나 생활의 변화에 맞춰 개조했고 새로 빵집을 지을 때는 대규모 개량 공사를 했다. 빵을 굽는 장작가마 벽돌집도 진 도모노리 씨가 직접 만들었다.

*2 나가노 현 마쓰모토 시에 사는 목공 디자이너 미타니 류지(三谷龍二). 일상생활에서 쓰는 나무그릇을 만들고, 전국의 갤러리에서 개인전을 여는 인기작가. 진 도모노리 씨와 그의 아내는 이전부터 나카무라 요시후미의 친구인 미타니 류지의 열렬한 팬이었다.

사용 의자로 Thumb Chair(이것도 제가 디자인한 의자죠)를 쓰고 있었으며, 창문 위의 작은 벽에는 미타니의 목제 나무시계, 벽에는 삼십 년 지기인 모치즈키 미치아키[*3]의 소메에(染め絵, 형지에 디자인해서 칼로 도려낸 뒤 염색해서 그린 그림 - 옮긴이)가 걸려 있었어요. 게다가 선반에는 주택 정보 잡지 〈스무〉가 나열되어 있으며 지금까지 제가 쓴 대부분의 책이 꽂혀져 있어서 나도 모르게 "왠지 내 집에 돌아온 듯한 기분이네"라고 중얼거렸을 정도였죠.

집 안과 밖의 모습은 물론, 거기서 생활하는 모습도 상당히 인상적이었어요. 이곳에는 성실하게 자신의 길을 걸어가는 인간다운 삶이 있다고 느꼈죠. 욕심을 부려 무리하지 않고 기죽지도 않고, 자신들이 믿는 일과 그곳에서 할 수 있는 일을 최선을 다해 해나가며 만족하는 생활이 있었고, 그 풍요로움과 존귀함을 강하게 느꼈어요. 한마디로 말하자면 '성실한 생활'이 되겠지요. 그리고 그 성실한 생

*3 염색가로 시작하여 그 뒤에 판화, 조각, 도예로 활동 범위를 넓히고 있는 아티스트. 나카무라 요시후미와는 삼십 년 지기다.
*4 '八자형'으로 지붕면이 양면으로 경사를 짓고 있는 단순한 지붕 형식. 지붕 위에 눈이 쌓이기 어렵다는 장점이 있다.

활을 그대로 받아들이고 있는, 간소하기 그지없는 집에 눈이 번쩍 떠졌어요.

이번에 만약 빵 가게와 빵 공방, 장작가마 방의 설계 외에 주택도 의뢰를 받았다면 아마 주택은 거절했을 거예요. 그 까닭은 지금 진 도모노리 씨가 살고 있는 집보다 더 좋은 집을 설계할 수 없기 때문이죠. 바꿔 말하자면 설사 설계를 했더라도 틀림없이 지금과 전혀 다르지 않은 집이 되었을 거예요.

대지 면적이 효율적인 단층집, 八자형 맞배지붕*4, 단순한 설계, 다소 거칠더라도 세월이 흐를수록 아름다워지는 자연소재, 사치를 부리기보다 절약을 먼저 생각하는 집……. 이것이 현재의 진 도모노리 씨네 집이기 때문이죠.

굳이 집에 대해 이야기하는 이유는 이번에 새로 지을 가게와 빵 가마를 포함한 빵 공방도 이런 진 도모노리 씨의 정신을 확실하게 이어받아 설계하고 싶기 때문이에요.

좀 다른 얘기인데, 삿포로에서 제 일을 도와주는 젊은 건축가 신카이 씨와 저는 맛카리무라로 가는 길에 창밖 풍경 속에서 띄엄띄엄 눈에 들어오는 목장의 사일로나 창고에 눈과 마음을 완전히 빼앗겼어요. 크기와 모양새가 거칠지만 상당히 합리적이고 기능적인 건물이더군요. 무엇보다도 '정직한 건물'이란 느낌이 들어 무척 마음에 들었죠. 개중에는 외벽에 대놓은 아연 도금 강판의 녹슨 모양이 너무나 아름다워, 할 수만 있다면 그대로 들고 가고 싶은 명작(?)도 있었어요.

사실 가는 도중에 이런 말을 신카이 씨와 주고받았기 때문에 진도모노리 씨 집에 있는 창고를 개량해서 빵 가게로 하면 좋겠다는 제안을 했던 거죠. 이것이 구조적으로도 공법적으로도 가능한지 어떤지는 현 상태를 좀 더 자세하게 조사하고 검토해봐야겠지만, 되도록이면 새로 짓기보다 증개축이란 형태로 할 수는 없는지 생각하고 있어요.

그러고 보니 정작 중요한 빵집에 대한 이야기를 제일 끝에 하게 되었네요.

요전에 여러 가지 이야기를 들었을 때 가장 인상에 남았던 것은 도모노리 씨가 갖고 있는 빵 가마에 대한 뜨거운 마음이었어요. 좀 더 정확하게 표현하자면, 기도를 드리듯이 경건하게 장작을 지피고 빵을 굽는 마음이 제게 그대로 전해져 왔어요. 물론 이것은 처음에 받은 편지에도 적혀 있었지만, 한층 강하게 느꼈던 거죠. 빵 가마가 있는 곳(가마 방)을 단순히 기능적으로 일하기 쉽게 만들려는 것이 아니라, 진 도모노리 씨를 위한 개인적인 예배당과 같은 신성한 공간으로 만들려고 해요. 설계하는 입장에서는 정신적인 곳이 되어야 하는 만큼 어려운 작업이 되겠지만, 그런 만큼 더 보람 있는 일이 될 것 같아요. 내가 얼마큼 할 수 있는지, 진 도모노리 씨의 기대를 저버리는 일이 없도록 최선을 다해보려고 합니다.

나도 모르게 그만 편지가 길어졌네요. 다음에 찾아갈 때는 기본설계의 제1안과 실내 모습을 알 수 있는 1/50의 축척 모형을 보여드릴 예정이에요. 어서 그날이 오기를…….

그럼, 마리 씨와 고타로에게도 안부 전해주세요.

나카무라 요시후미

나카무라의 편지를 읽고 난 느낌과 자신들이 만들고 키워온 집이라는 점,
그리고 앞으로도 그렇게 해나가고 싶다는 뜻을 밝힌다

우리가 사는 곳 정도는
직접 만들어보고 싶었지요

2009년 6월 30일
나카무라 요시후미 선생님에게

보내주신 편지 잘 받았어요. 감사합니다.
아내와 둘이서 눈물이 날 정도로 기뻤어요. 그냥 몸에 익숙해진 대로 살아가는 우리의 생활을, 처음 만난 선생님이 호감을 갖고 보아주고 이해해주셨다는 점이 놀라웠고요.
조립식 패널로 간소하게 지은 집은 빵집을 시작하는 데 필요한 최소한의 생활을 할 수 있도록 만든 것입니다. 예산이 부족한 점도 있었지만 그보다 우리가 사는 곳 정도는 직접 만들어보고 싶다는 호기심이 더 강했지요.

벽돌로 지은 빵 가마 역시 어떻게 빵이 구워지는가, 하는 근본적인 부분을 실제 체감하고 싶은 마음에서 지은 것입니다.

그 집에서 생활하면서 불편한 곳은 신중하게 고민해서 뜯어 고치고, 시간과 더불어 조금씩 훼손되는 부분은 수선해갔으며, 아이가 기어다니기 시작할 무렵에는 자연소재의 나무를 바닥에 까는 등 지금까지도 계속 집을 만들어가고 있어요.

새로 빵집을 짓게 되면 현재의 공방, 매장 그리고 장작가마 벽돌집을 어떻게 고쳐 쓸까 생각 중이에요.

매장은 아이 방으로 하면 어떨까 싶습니다. 빛도 잘 들어와서 밝은 방이 될 듯싶은데, 지금의 테라코타 바닥은 너무 차갑기 때문에 나무판을 새로 깔면 어떨까싶고요.

공방은 신발을 가지런히 놓아두고 여유롭게 드나들 수 있는 현관(지금까지 현관이라고 부를 수 있는 곳이 없었기에)과 간단한 작업을 할 수 있고 야채를 보관해둘 수 있는 봉당과 같은 곳으로 사용하려고 합니다.

그리고 장작가마 벽돌집은 선생님의 조언대로 독서실(겸 손님방)로 만들면 괜찮을 것 같습니다. 현재 있는 빵 가마는 해체해서 떼어 놓고, 그 앞에 쌓아놓은 내화벽돌은 재활용해서 작은 벽난로를 만들고 싶어요. 빵 가마에 대한 오마주라고 할 수 있죠.

새로 지을 빵집과는 관계없는 일까지 주절주절 늘어놓았는데, 새로운 빵집 건물과 조립식 패널집, 그리고 벽돌로 된 서재가 서로 잘 어우러지고, 거기서 우리가 생활하면서 키워나가고, 한편으로는 우리의 생활과 일을 뒷받침해줄 건물이 되어주기를 바라고 있어요.

언제 완성될지 짐작도 할 수 없지만, 살면서 수선해나가고 생활을 즐기면서 계속 만들어갈 생각이에요.

다시 한 번 놀러 오세요.

진 도모노리

다시 사용할 수 있을 것 같은 기존 건축자재에 대해, 그리고 기초 부분의 문제점과
지금 도쿄 사무실에서 설계안을 진행하고 있다는 사실을 진 도모노리 씨에게 알린다

문제는 목조건물을 가장자리에서
지탱하고 있는 기초 부분이에요

2009년 7월 13일

진 도모노리 씨에게

안녕하세요.

그동안 잘 지내셨어요?

　여기는 매일같이 잔뜩 찌푸린 장마철 날씨가 이어져서 마음속까지 곰팡이가 필 것 같네요. 장마가 없는 홋카이도에서 사는 도모노리 씨가 부러워요.

　지난번 편지에 깜박 빠뜨렸는데, 이전(6월 2일~3일)에 처음 그곳을 보러 갔다가 삿포로로 돌아가는 길에 신카이 씨와 차 안에서 창고를 개량해서 빵집으로 만드는 문제에 대해 구체적으로 얘기했습

* 1 들메나무는 홋카이도에 많이 자생하고 있는 나무. 단단하고 질기기 때문에 홋카이도에서는 주로 들보 재료로 사용되며 보통 가구의 재료로 많이 쓰인다.
* 2 기둥을 보강하기 위해 옆에 대고 볼트, 너트 등으로 고정시켜 놓는 기둥. 부식한 기둥이나 강도가 부족한 기둥을 재사용할 때 구조보강용 기둥으로 보강한다.
* 3 골개판을 대기 위해 필요한 각재. 지붕 꼭대기에서 처마까지 잇는 부재.

니다.

그날 창고를 보았을 때 우선적으로 다시 사용할 수 있는 것은 들메나무*1로 만든 두꺼운 들보뿐이었으며, 오래된 재목을 재활용해서 쓴 것으로 보이는 기둥은 단면적(두께)으로 보아도 강도가 부족해 구조보강용 기둥*2을 대든지 아니면 새로운 기둥으로 바꾸든지 해야지 그대로는 쓸 수가 없어요. 또한 지붕을 지탱하는 서까래*3도 오랫동안 폭설의 무게를 견디어온 탓에 상당히 낡았고 휘어졌기 때문에 전부 좀 더 큰 재목으로 바꿀 생각이고요. 이런 목조 부분은 보강하든지 바꾸든지 어떡하든 할 수가 있어서 걱정할 필요가 없지만, 문제는 그것들을 지탱해온 기초 부분이죠. "기초 부분을 어떻게 개량하면 좋을까?" 사실 신카이 씨와 이 점에 대해 집중적으로 의논했어요. 이른 시일 안에 실측조사를 해서 구조보강에 대한 구체적인 방침을 정할 생각이죠.

창고의 매력을 살린 개량 공사 계획은 이미 조금씩 진행되고 있어요. 실측조사의 결과가 나오는 대로 구조 모형을 만들고, 구조 모형과 대조해서 기본 설계안을 만들 생각이에요. 8월 말 아니면 9월 초순에는 그쪽에 가서 기본 설계안을 보여주고 싶네요.

　확실하게 일정이 정해지면 알려줄 터인데, 역시 가게가 쉬는 화요일부터 수요일에 걸쳐서 가는 것이 좋겠죠. 진 도모노리 씨가 편한 날을 알려 주세요.

　그럼, 다음에 만날 날을 기대할게요.

나카무라 요시후미

- 7월 21일 6월 9일에 실시한 창고의 실측조사 결과를 토대로 진행해가던 개량 계획을 제2안으로 정리했다. 그 뒤에도 이 안을 실현하기 위한 검토를 해나가지만 새롭게 기초를 만들 수 있는 묘안이 없어 암중모색 상태가 이어진다.
- 9월 6일 → 7일 맛카리무라에 가서 도면과 모형을 이용해가며 진 도모노리 씨 가족에게 창고 개량 제2안에 대해 설명해주었다.

9월 6일에 나카무라와 신카이가 들고온
창고 개량안 제2안을 보고 근본적인 문제점을 지적한다

빵집에서의 세세한 일이나 하루의 흐름 같은 얘기를 주고받아야 할 것 같아요

2009년 9월 12일
나카무라 요시후미 선생님에게

지난번에 창고 개량안의 도면과 모형을 들고 와주셔서 감사했어요. 2층 테라스도 있고 아담한 카페도 있어 상상만 해도 가슴이 뛰더군요.

처음 본 건축 모형을 보고 감동해서 제대로 회의다운 회의도 하지 못했다는 생각이 듭니다. 설계 작업이 어떻게 진행되어 가는지 아직 머리에 그릴 수는 없지만, 이 모형대로 진행되어 간다면 좀 더 빵집에서 일하는 방식, 기계의 수나 크기, 손님이 들어와서 빵을 사가는 방법, 주차장의 넓이 등에 대해 구체적으로 얘기를 해야 될 것 같아요.

이번에 보여주신 설계안은 빵 가마를 설치할 곳과 매장의 넓이는 충분한데, 제빵 작업을 하는 공방이 좁게 느껴지고 장작을 쌓는 자리가 건물 내부에서 큰 공간을 차지하고 있는 점 등이 마음에 걸렸어요. 장작은 건물 안이 아니라 바깥에 지붕만 있는 상태면 충분하지 않나 하는 생각이 듭니다.

그리고 매장이 더 커짐으로 해서 주차공간이 지금보다 작아져 손님이 많을 때는 주차공간이 부족하지 않을까 걱정이 돼요. 하지만 기존 창고를 개량해서 사용할 수 있다면 그보다 더 좋은 일은 없겠지요. 신축이란 말보다 개량이란 말이 왠지 덜 쑥스럽고 덜 부끄러운 느낌이 들어 가슴에 와닿아요.

창고를 개량해서 쓰는 것으로 방향이 잡힌 듯하니 이제부터 빵집에서 하는 세세한 일이나 하루의 흐름과 같은 얘기를 주고받아야 할 것 같아요.

가능하다면 신카이 씨가 이번 주말이라도 오셔서 손님들이 빵을 사가는 모습을 보시면 어떨까 싶습니다. 다음 9월에 있을 미팅도 가게가 쉬는 날에 오시면 여유롭게 얘기를 나눌 수는 있겠지만, 이번에는 차라리 영업하는 날에 오셔서 일하는 모습 등을 둘러보시는 쪽이 좋지 않을까요.

추신

지난번 만났을 때 뻔뻔하게 부탁했던 미요타에 있는 〈LEMM HUT〉 방문에 대한 이야기인데 일정이 거의 정해졌어요. 9월 28일

*1 나카무라 요시후미가 친구 목공 디자이너 미타니 류지를 위해 설계한 1인용 통나무집. 바닥 면적이 불과 26㎡(8평)밖에 안 되지만 주택에 필요한 모든 것이 갖추어져 있다.

에 숙박하면 좋겠어요. 그리고 또 하나 부탁드리고 싶은데, 그때 가능하면 〈MITANI HUT〉*1도 (꼭!) 함께 견학을 할 수 없을까요?

그러면 다음에 만나서 얘기를 나눌 날을 기다리고 있을게요.

진 도모노리

- 9월 15일 진 도모노리 씨는 삿포로의 신카이 설계 사무실을 방문해서 장작가마의 크기와 설치방법, 빵을 만들 때 사용하는 기계나 도구의 종류나 배치에 대해, 그리고 빵집에서 하는 일 등을 구체적으로 설명하고 계획을 조정했다.
- 9월 16일 창고를 재활용하는 제3안 작성. 지난번 미팅에서 창고만으로는 절대면적이 부족하다는 사실을 깨닫고, 바깥에 대형 냉장고와 저장용 작은 집을 신축하고 그 위를 전망 테라스로 하는 안은 공사 내용이 복잡해지고 범위도 넓어지기 때문에 아무리 생각해도 예산 안에서는 할 수 없는 실현 불가능한 안이 된다.
- 9월 17일 → 19일 창고의 기초에 대해 나카무라 요시후미와 신카이가 전화와 이메일로 의견을 계속 주고받은 결과, 현실적으로 실현 불가능하다는 결론에 이른다.

**기초 보강에 대한 해결책이 보이질 않아
창고 개량안을 단념할 수밖에 없게 된 점을 전한다**

걱정했던 대로 창고 기초 보강이
어려운 문제이며……

2009년 9월 20일
진 도모노리 씨에게

안녕하세요.
지난번에는 정말 고마웠어요.
그때 보여준 창고 개량안은 빵 굽기 전의 사전 작업을 하는 공간, 장작가마에 빵을 넣기까지의 흐름, 다 구워진 빵을 가게에 진열하는 과정, 기계의 종류와 배치, 장작 보관과 장작을 쪼개는 공간 등 모르는 것투성이인 상태에서 우선 미팅을 하기 위해 만든 시안이었는데, 도모노리 씨가 여러 가지 마음에 걸리는 점을 지적해주어 문제점이 분명해졌네요.

그리고 편지를 통해 이번의 창고 개량안에 대한 의견을 보내주어 고마웠어요. 설계에 첨가해야 할 일이 한층 분명해졌어요.

편지에는 '영업하는 날에 와서 빵집에서 일하는 모습을 보는 편이 좋겠다……'고 적혀 있었는데, 다음에 갈 때는 꼭 도모노리 씨가 일을 시작하는 이른 아침부터 함께 일어나서 방해가 되지 않게 따라다니면서 하루 일의 흐름과 실제 작업하는 모습을 보려고 해요.

그런데 오늘은 좀 좋지 않은 소식을 전해야겠네요. 지난번에 기존의 창고를 재활용해서 증개축하는 안을 보여준 지 얼마 안 되어 이런 말을 하기가 영 내키지 않지만, 처음부터 걱정했던 대로 창고의 기초 보강이 생각 외로 어려운 문제여서 결국 결정적인 해결책을 찾지 못했어요. 그래서 유감스럽게도 창고를 재활용하는 계획을 포기해야겠어요. 이렇게만 써놓으면 납득하기 어려울 테니 간단하게 설명드리도록 하죠.

한랭지에서 기초는 원래 바닥 면이 동결심도(겨울철에 지반면에서 지하 동결선[*1]까지의 깊이를 말한다. 맛카리무라는 1미터~1미터 20센티미터 정도다)보다 아래에 있어야만 하는데, 현 상태는 단지 자갈(자른 돌?[*2])로 기초를 하고 그 위에 토대를 올려놓기만 했어요. 이런 간단한 구조로 몇십 년 동안 망가지지 않고 버티었다는 사실이 놀라울 따름인데, 아무리 그래도 이대로 그냥 둘 수는 없는 문제여서 해결책으로서 기둥의 바깥쪽에 구조보강용 기둥을 붙여, 건축 구조의 선을 기둥 하나만큼 바깥쪽으로 옮기는 방법을 생각했어요. 새로운 기둥 아래에 새로 토대를 깔고, 그 아래에 새로 동결심도의 아래까

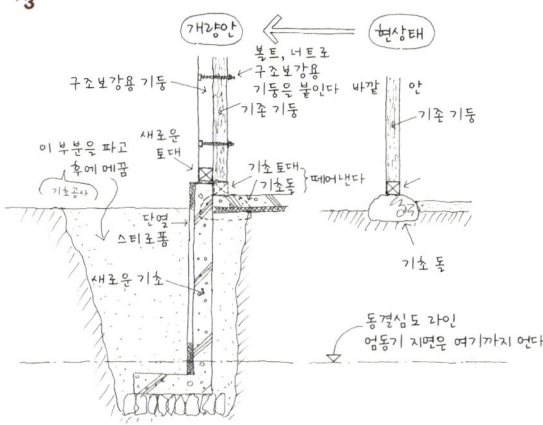

*1 겨울철, 흙이 동결하는 층과 동결하지 않는 층의 경계선. 어느 깊이 이하에서는 흙 속의 온도가 높기 때문에 동결하지 않는다 – 옮긴이
*2 직방체로 잘라놓은 석재
*3

지 이르는 깊은 기초를 설치하려는 작전이었죠(스케치를 참조해주세요*3). 다만 이렇게 하려면 건물 옆을 깊이 파야 되는데, 현재의 창고를 보면 파는 순간에 바로 건물이 넘어지게(또는 붕괴) 될 것으로 예상됩니다(Y건축시공사의 미치즈카 씨도 이런 작업은 무서워서 할 수 없어요! 하며 거절했죠). 문화재쯤 되는 건물이라면 돈을 들여서라도 재활용할 가치가 있겠지만, 저비용이 대전제인 이번 공사에서는 단념해야 한다는 결론에 이르렀어요.

어설프게 "창고를 재활용하자"고 나서서 공연히 도모노리 씨에게 기대만 갖게 한 것 같아 차마 얼굴을 못 들겠네요. 대신 들메나무로 만들어진 단단해보이는 들보를 조심스럽게 해체해서, 새로운 건물에 딱 어울리는 곳에 배치하여 '이렇게 쓰는 방법이 있었구나!' 하고 감탄할 수 있도록 재활용 방법을 생각해볼게요. 부족하나마 이렇게 해서 창고에 대한 기억을 분명하게 남겨놓을 생각이니 이해해주세요.

이런 여러 가지 이유로 며칠 전부터 머리를 완전히 전환시켜서 신축안을 스케치하고 있어요. 증개축안과는 달리 제약이 없기 때문에 묶인 밧줄이 풀린 듯한 기분이에요. 너무 자유로워서 오히려 실마리조차 없는 듯한 느낌도 들지만, 처음에 받은 편지와 처음 집터에 섰을 때 받은 인상, 그리고 이전에도 썼지만 빵 가마를 설치할 방은 '왠지 신성한 기분이 느껴지는 공간'으로 하고 싶다는 마음을 단서로 해서 조금씩 설계안을 진행해갈 생각이에요.

아마 10월 말쯤에 이 신축안을 들고 갈 예정이니 기대해주세요.

끝으로 다음 주(9월 28일)에 〈LEMM HUT〉에 숙박하러 오신다니 물론 대환영입니다. 이 소문을 들은 직원들도 몇 명이 꼭 함께 하고 싶다고 나서고 있어요(모두 식탐이 많아 진 도모노리 씨의 요리를 노리고 있는 듯싶어요). 저는 공교롭게도 그날이 대학에서 강의가 있는 날이어서 함께 갈 수는 없고 저녁 6시에 수업이 끝나는 대로 달려갈 거예요. 도착은 아마 9시 반쯤이 되지 않을까 싶네요.

아마 그날 밤은 술자리가 열릴 테니(반드시!) 빵 만드는 작업의 흐름이나 기계의 배치와 같은, 일에 관한 구체적인 이야기는 다음날 오전에 여유롭게 하죠. 그럼, 월말에 〈LEMM HUT〉에서 만날 날을 기다리고 있겠습니다.

나카무라 요시후미

추신

미타니 류지에게 〈MITANI HUT〉을 보러 가겠다고 했어요. "기꺼이 대환영!"이라고 하더군요. 이번에 간단한 신슈(信州) 통나무집 여행을 할 수 있을 것 같네요.

- 9월 28일 진 도모노리 씨 가족은 미요타에 있는 〈LEMM HUT〉을 방문했다. 풍로의 숯불로 멋지게 로스트비프를 굽는 등 전 프랑스요리사의 요리 솜씨를 발휘해서 나카무라 요시후미의 직원들에게 갈채를 받았다. 맛있는 요리가 계기가 되어 이야기꽃이 활짝 피고 술자리가 한껏 무르익었다. 진 도모노리 씨는 이날 밤은 무슨 일이 있어도 나카무라 요시후미의 침실이기도 한 '욕탕이 있는 작은 나무집'에서 혼자서 자고 싶다고 고집을 피워, 나카무라 요시후미는 침실을 빼앗기고 본채에서 잤다.
- 9월 29일 진 도모노리 씨 가족은 마쓰모토의 미타니 류지의 집인 〈MITANI HUT〉을 방문했다. 미타니가 목공 작업을 하는 모습을 순서대로 보고 감탄하고, 놋쇠로 만든 문손잡이를 보고 손으로 잡아보더니 그 모양과 감촉에 부부가 선망의 마음이 담긴 뜨거운 한숨을 내쉬었다.

'신슈 통나무집 여행'에 대한 감상과 그것에 대한 감사의 인사를 하고
창고 개량안에서 신축안으로 변경하는 안에 대한 동의를 표한다

새로 짓는 빵집에서도 지금과
변함없는 마음으로 일할 수 있게 되기를

2009년 10월 3일
나카무라 요시후미 선생님에게

안녕하세요. 지난번 신슈에 갔을 때 여러모로 큰 신세를 졌습니다. 덕분에 즐거운 시간을 가졌어요. 감사합니다.

계간지 〈생각하는 사람〉에 처음 연재될 때부터 흥미로웠던 〈LEMM HUT〉에서 직접 자보고, 선생님을 만나는 계기가 된 〈MITANI HUT〉에도 갈 수 있었기에 감동적인 통나무집 여행이 되었습니다. 강도 높은 스케줄이었기에 고타로는 돌아가는 전철 속에서 머리에 열이 날 정도였지만, 미요타에서 들어간 고에몽 욕탕[1] 이 좋은 추억이 된 듯 "또 가고 싶다!"며 신이 나서 조잘대더군요.

*1 장작을 때서 물을 데우는 무쇠 목욕통. 이시카와 고에몽을 가마솥에 삶아 죽인 방식과 같아서 고에몽 욕탕이란 이름이 붙었다. 가마솥 바닥이 뜨거워지기 때문에 위에 띄운 나무뚜껑을 가라앉혀서 그것을 깔고 앉아 목욕을 한다. 〈LEMM HUT〉의 마당 한쪽에 있는 '욕탕이 있는 작은 나무집' 안에 이 고에몽 욕탕이 있다. 5.6㎡(1.7평)밖에 안 되는 이 작은 나무집은 욕탕과 탈의실뿐만 아니라 나카무라의 서재와 침실도 겸하고 있다.

    지난번 편지에 이어 구조적인 문제뿐만 아니라 예산 문제로 오래된 창고를 개량하는 것은 어렵다는 설명을 받았을 때 내심 좀 아쉬웠지만, 신축안에서도 창고의 옛 모습을 남겨놓고 싶다는 말씀을 들으니 어찌나 기쁘던지 우리가 이 창고를 무척 좋아했다는 사실을 새삼스럽게 깨달았습니다.
    빵집을 신축한다는 대방침이 결정되고 드디어 본격적으로 계획이 시작되는데, 선생님과 함께라면 편안한 마음으로 같은 방향을 향해 나아갈 수 있을 것 같아요. 아니 빵집의 최소한의 기능이나 일하는 과정을 말해준 단계에서 이미 우리의 역할은 끝난 것이 아닌가, 하는 기분조차 듭니다. 새로 짓는 빵집에서도 자연스럽게 지금과 같은 마음으로 일할 수 있게 되기를 바라고 있습니다.

진 도모노리

- 10월 10일 나카무라 요시후미는 진 도모노리 씨에게 전화로 잡지 〈스무〉에서 맛카리무라의 빵집과 그 생활을 취재하고 싶어 한다는 말을 전하고 허락을 얻는다. 그리고 취재 날을 11월 1일로 하고 싶다는 점과 카메라맨은 아마미야 히데야(雨宮秀也)라는 사실을 전해준다.
- 10월 19일 제4안(빵집 신축안) 작성.
- 10월 21일 제5안 작성.
- 11월 1일 → 2일 잡지사 〈스무〉의 직원이 와서 촬영하는 모습을 곁눈질하면서, 도면과 모형으로 빵집 신축안(제5안)을 설명했다. 이 안을 보고 진 도모노리 씨가 "빵 가마가 설치되는 방과 공방 겸 매장 사이에 복도와 같은 완충지대가 있으면 좋을 것 같네요"라고 말한 것이 힌트가 되어, 기본 설계는 완성을 향해 크게 전진한다. 저녁의 메인요리는 맛있는 프랑스 요리 슈크후트. 오후부터 기온이 내려가더니 맛카리무라에 첫눈이 내렸다.
- 12월 7일 건물 안을 파사주(passage, 통로)가 관통하는 안(제6안)을 작성.
- 2010년 1월 12일 → 16일 진 도모노리 씨 가족이 나카무라 요시후미의 건축을 돌아보는 '건축 순례'를 결행했다. 고베 → 마쓰야마(이타미 주조 기념관, 십육다실) → 나라('아키시노의 숲'의 게스트하우스 〈노와 라슬〉) → 치바(as it is, 가즈사의 집上総の家) → 도쿄(메밀국수 집 이시즈키)로 대이동을 했다. 마지막 날 치

*2 나카무라 요시후미와 친한 류트 연주가. 국내외에서 콘서트를 열거나 음반을 내는 것 외에 고악기 밴드 '타블라투라'를 이끌고, 그립고 따뜻한 곡을 발표하고 있다.

*3 소프라노 가수. 츠노다 다카시와 듀오를 결성하여 콘서트 활동을 하고 있다. 가곡 앙상블이나 가부키 공연에도 힘을 쏟는 한편, 종교 음악을 연주하는 '앙상블 이클리지어'를 주재하고 있다.

바에서 도쿄로 가는 길은 나카무라 요시후미가 가이드로서 동행.

- 1월 17일 나카무라 요시후미의 건축을 순례한 뒤, 아내 마리와 고타로는 요코하마에 있는 자신의 친정집으로 가고, 진 도모노리 씨는 혼자 맛카리무라로 돌아갔다. 그날 나카무라 요시후미는 따로 눈이 쌓인 모습을 보기 위해 홋카이도로 갔다. 나카무라 요시후미와 진 도모노리 씨는 신치토세 공항에서 만나, 폭설이 퍼붓는 가운데 진 도모노리 씨가 운전하는 차를 타고 맛카리무라로 갔다. 나카무라 요시후미는 맛카리무라에서 엄청나게 퍼붓는 눈을 보고 압도된다. 이날 밤은 그 길로 삿포로로 되돌아가서 삿포로 루터 홀에서 열린 츠노다 다카시*2, 하타노 무쓰미*3의 콘서트에 갔다.
- 1월 18일 삿포로의 호텔에서 거의 최종안인 파사주 안(제7안)에 대해 설명을 한 뒤 세부 사항에 대한 마무리 미팅을 했다.

LEMM HUT 순례

〈LEMM HUT〉에 가면 꼭 해보고 싶은 일이 있었어요.
본채에서 좀 떨어진 곳에 있는, 욕탕이 있는 작은 나무집에서 자는
일이었지요.
겨우 한 사람밖에 누울 수 없는 비좁은 공간이지만
욕탕에 장작을 때우고 난 뒤 남아 있는 온기로 인해 따뜻하고 포근
해져 몸과 마음이 안락해지더군요.
(이 작은 집의 유일한 불빛이기도 한) 오일램프에 불을 켜고
잠깐 책을 읽고 난 뒤 작은 방에서 혼자만의 시간을 만끽하고
침낭에 들어가 잤어요.
나카무라 선생님의 책에 인용된
"위대한 건축물을 느끼기 위한 최상의 방법은 그 건물에서 아침에
눈을 뜨는 것이다"
라는 찰스 무어의 말이 계속 머릿속에 남아 있었는데,
이것을 작은 별장 〈LEMM HUT〉의 더욱 작은 욕탕 나무집에서

드디어 실현할 수 있었네요.
물론 실감할 수 있었죠.
게다가 나카무라 선생님이 지은 다양한 건물을
돌아보는 여행의 출발점이 되었고요.

나카무라 요시후미가 휴가를 보내는 이 통나무집은 전선, 전화선, 상하수도관, 가스관 등 문명의 '생명줄'을 끊은 실험주택이다. 태양빛과 풍력으로 전기를 만들고, 지붕에 물을 받아서 생활용수로 사용하고, 장작으로 조리를 하는, 불편한 생활을 즐기면서 새로운 주택의 가능성을 찾고 있다.

MITANI HUT 순례

우리에게 특별한 추억이 이 〈MITANI HUT〉에 있어요.
나카무라 선생님을 처음 알게 된 것도 이 건물을 통해서이며,
우리가 조립식 패널로 매장 겸 집을 지을 때
말 그대로 구멍이 날 정도로 〈MITANI HUT〉이 실려 있는 책을
수도 없이 반복해서 보면서, 평면도나 입면도, 실내의 구성 등을
흉내냈죠.
이런 의미 있는 집을 찾아가는 것이니 어찌 우리 부부가 평상심을
유지할 수가 있겠습니까.
은은하게 변색된 놋쇠 문손잡이를 쥐자 배시시 웃음이 나오고,
외벽에 반해서 정신없이 보았죠.
건물 안으로 들어가니 낯익은 볼연지 색깔의 카운터에
미타니 씨가 서서
홍차를 우리며 〈MITANI HUT〉에 대한 이야기를 들려주었어요.

최소한의 생활을 할 수 있는 이러한 집을 의뢰한 미타니 씨와
정열적으로 이 집을 설계한 건축가 나카무라 선생님.
건축 의뢰인과 건축가의 행복한 관계를 실감하고 여러 가지를 보고
느끼고 배웠습니다.
〈MITANI HUT〉을 동경하는 우리의 마음은
미타니 씨의 생활 그 자체에 대한 동경으로 이어지는 것 같아요.
훗날 맛카리무라의 우리 집을 방문한 미타니 씨가 방 안에 들어와서
"〈MITANI HUT〉과 비슷하네요"라고 한 말을 듣고 무척 기뻤어요.

목공 디자이너 미타니 류지의 작은 통나무집. 원래는 물건을 보관하는 작은 나무집이었는데 혼자 생활하는 집으로 증개축했다. 불과 26.4㎡(8평)밖에 되지 않는 집이지만 부엌, 욕실, 화장실을 갖추고 있으며, 손님이 묵을 수 있는 공간도 확보해 놓았다. 현대의 단독주택 이전에 볼 수 있었던 예전의 작은 집은 주거의 원형을 보여주고 있다는 것이 나카무라 요시후미의 지론.

'나카무라 요시후미의 건축 순례'를 끝내고 난 뒤의 느낀 점에 대하여

건물에서 나카무라 선생님의 '육성'을 들은 듯합니다

2010년 1월 20일
나카무라 요시후미 선생님에게

안녕하세요. 선생님.

무사히 도쿄에 돌아가셨나요? 맛카리무라에서 사람의 키를 훌쩍 넘어설 정도로 쌓이는 눈을 보고 겁이 나시지는 않았나요. 겨우내 우리는 그런 폭설과 씨름하며 살고 있지요. 이번에 짓는 빵집은 워낙 처마가 넓어서 손님들이 가게에 들어오기가 편하고 자동차와 장작까지 처마 밑에 놓아둘 수 있을 것 같습니다. 이로써 눈을 치우는 작업이 한결 편해질 것 같아 한시름 놓고 있어요.

지난주에는 하루 종일 안내를 해주셔서 감사했습니다.

*1 배우, 작가, 영화감독, 요리 전문가 등 다양한 얼굴을 갖고 있는 이타미 주조의 업적과 인품을 다면적으로 소개하는 에히메 현 마쓰야마 시에 있는 기념관. 표면을 불로 그을린 삼나무 재목으로 외벽을 마감한 단순한 건물. 안뜰을 둘러싼 회랑이 있는 수도원적인 공간 구성이 특징이다.
*2 나카무라 요시후미가 설계한 에히메 현 마쓰야마 시의 도고온천 본관의 정면에 있는 '이치로쿠 타르트' 가게. 2층 정면의 커다란 창에서 유서 있는 도고온천 본관이 보인다.
*3 나라의 유명한 잡화카페 구루미노키(くるみの木)가 운영하는 하루에 두 팀만 받는 오베르주 형식의 세련된 작은 호텔. 원래 펜션이었던 건물을 나카무라 요시후미가 호텔로 개량했다.
*4 치바 현 초세이군의 전원 풍경 속에 맞배지붕의 장방형 〈주택 1〉과 한쪽으로만 경사진 지붕을 얹은 〈주택 2〉가 한 쌍의 건물로 지

나카무라 선생님이 설계한 건물을 처음으로 직접 눈으로 보고 만질 수 있었기에 매우 기억에 남는 겨울 휴가가 되었어요.

에히메 현에 있는 이타미 주조 기념관*1에서부터 시작된 우리의 '나카무라 요시후미 건축 순례'는 그 다음에 이치로쿠 본점*2을 보았고, 이튿날은 나라로 이동해서 호텔, 레스토랑, 갤러리가 함께 있는 '아키시노의 숲'의 게스트하우스 〈노와 라슬〉*3에서 숙박하고 벽난로의 불을 보면서 저녁 식사를 했죠. 나카무라 선생님이 권했던 계란 모양의 나무 욕조에서 목욕도 하고 정말 감동적인 밤을 보냈습니다.

그 다음날은 선생님과 함께 치바로 가서 가즈사의 집*4과 as it is*5로 갔으며, 끝으로 메밀국수집 이시즈키*6(많은 사람들의 발길이 끊이지 않는 집이다)에서 술을 마시면서 선생님이 건축에 대한 이야기를 들려주셔서 우리 부부에게는 그야말로 꿈같은 건축 순례가 되었지요.

어졌다. 한쪽으로만 경사진 지붕을 얹은 주택은 나카무라 요시후미가 두 친구와 함께 공동으로 소유하고 있으며 별장으로 사용하고 있다.

*5 도쿄 메지로에서 중고가게를 운영하는 사카다 가즈미의 개인 미술관. 갈라진 흙벽으로 마감한 외벽이 특징인, 창고와 같은 분위기가 나는 건물. 사카다 가즈미가 직접 보고 모은, 일상생활이나 신앙을 위해 사용된 고금동서의 공예품이 아름다운 자연광이 비치는 평온한 공간에 조용히 전시되어 있다.

*6 나카무라 요시후미가 인테리어와 가구를 디자인한, 도쿄 마루노우치의 신마루 빌딩 안에 있는 메밀국수집.

    지금도 흥분이 채 가시질 않아 우리는 여전히 '나카무라 요시후미 건축'에 관한 이야기만 하고 있어요. "이치로쿠 본점에 있었던 벤치가 너무 좋았어" "노와 라슬의 방문 색깔이 마음에 들었어" "바닥에 까는 널빤지는 as it is와 같이 간소하게 했으면 좋겠어" 등 화제가 끊이지 않고 있죠.

    그리고 언제부터인지 새로 짓는 빵집에 대한 꿈과 이미지가 점점 부풀어오르더군요.

    이번에 나카무라 요시후미 건축 순례를 할 때 건물에서 나카무라 선생님의 '육성'이 들리는 듯한 느낌이 들었습니다. 그 목소리를 들은 우리는 깊이 납득하고 신뢰하고 안심하고 돌아왔지요.

    하지만 한편으로는 아직 우리의 욕구를 누르지 못하고 제멋대로 부탁을 할지도 모르겠어요. 이제부터 시작되는 긴 작업 동안에 그런 일도 포함해서 좋은 공부가 되기를 바라고 있습니다.

여행에서 돌아오니 아니나 다를까 일주일 동안 내린 눈이 산더미처럼 쌓여 있더군요. 실제 이 눈을 보고 눈을 처리하는 방법에 대해 의견 좀 주고받았으면 좋겠습니다. 이 시기는 툭하면 폭설이 내리니 조심해서 오세요. 그럼, 다음 주를 기다리고 있겠습니다.

진 도모노리

나카무라가 출장지 호텔에서 엽서에 보낸,
창고의 들보를 재활용하는 아이디어

두 개의 들보를
십자가의 모양으로 공중에 걸쳐 놓는다면

진 도모노리 씨와 마리 씨에게

숙제로 남아 있던 해체한 창고의 들보에 대한 의견인데, 그것을 빵 가마가 놓일 방 지붕의 들보로 쓰면 어떨까요?

두 개의 들보를 십자가 모양으로 공중에 걸어놓으면 지붕을 지탱할 뿐만 아니라 예배당의 분위기도 풍기고 고요하고 평온한 느낌이 나지 않을까요. 이렇게 하면 창고의 기억이 새로운 건물로(그것도 심장부라고 할 수 있는 중요한 곳으로) 보기 좋게 이어지지 않을까 생각한 거죠.

이 아이디어가 마음에 들면 바로 준비 작업에 들어갈게요.

▼ 나카무라 요시후미가 출장지 호텔에서 보낸 엽서

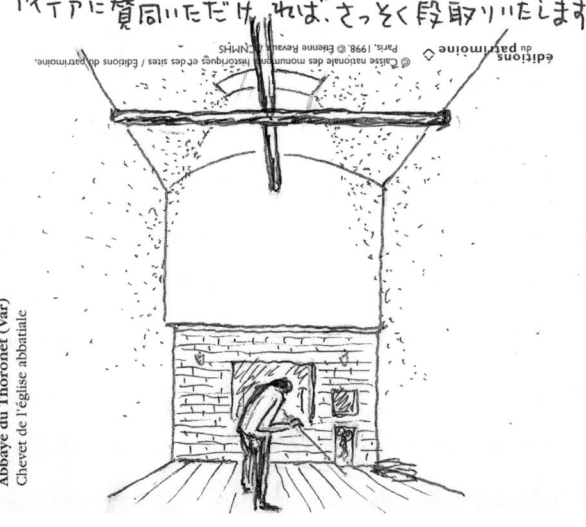

神幸紀さま 麻理さま

宿題になっていた解体した納屋の梁のことですが、窯場の屋根を支える梁(はり)にしようと思いますが、いかがでしょうか？
2本の梁を十字架のように組んで空中に架けわたし、チャペル的で静謐(せいひつ)な雰囲気をかもし出そうというアイデアです。このことで納屋の記憶が、新しい建物に（それも心臓部ともいうべき大切な場所に）いいかたちで継承されることになると思うのです。
アイデアに賛同いただければ、さっそく段取りいたします。

Abbaye du Thoronet (Var)
Chevet de l'église abbatiale

© Caisse nationale des monuments historiques et des sites / Éditions du patrimoine,
Paris, 1998. © Étienne Revault / CNMHS
éditions du patrimoine

엄청난 폭설에 대한 대책과 파사주 안에 대한 생각

건물 한가운데를 통로가 지나감으로써
방 배치에 대한 답답했던 마음이 풀렸어요

2010년 1월 28일
진 도모노리 씨에게

맛카리무라에서 도쿄로 돌아와 보니, 계속 이어지는 평온하고 따뜻한 겨울 날씨로 인해 바로 이틀 전까지 눈 속에 파묻힌 세계에 있었다는 사실이 꿈만 같네요. 맛카리무라는 바로 옆에 유명한 스키장인 니세코가 있을 정도니 당연히 눈이 많을 거라고는 예상했지만 직접 눈으로 보니 어마어마하더군요! 고개를 들어 올려봐야 하는 적설량에 압도되고 말았습니다.

지난번 맛카리무라에 갔을 때는 폭설을 만나고 '파사주(중앙통로) 안'에 대한 얘기만 하느라고 '나카무라 요시후미 건축 순례(?)'에 대한 감상을 듣지 못했네요. 겨울 휴가 때 제가 설계한 건물을 5일 동안이나 돌아다니며 봐주셔서 감사합니다.

시고쿠의 마쓰야마에서 시작해서 나라, 치바, 도쿄에 이르는 그 이동 거리도 놀랍지만, 개인 기념관, 카페, 소박한 호텔, 작은 미술관, 주택, 별장, 메밀국수 집 등 건축지, 규모, 용도, 예산, 모양, 분위기가 전혀 다른 종류의 건축물을 며칠 동안 계속해서 견학한 사람은 지금까지 없었으며 앞으로도 진 도모노리 씨 부부 외에는 없을 거예요.

편지에 "건물에서 저의 육성이 들리는 듯한 느낌이 든다"고 적어주셨는데, 두 분은 건물의 주제나 표현은 서로 다 달라도 그 저변에 흐르는 건축에 대한 생각, 어떤 소재나 색을 좋아하고 어떻게 다루는가, 세밀한 부분에 대한 배려와 집착, 슬며시 가미한 재미있는 디자인 등도 알아차리지 않았을까 싶네요. 이번 견학을 통해 깊은 곳에서 저와 공감을 이룬다면 이제부터 하는 일이 한결 쉬워지겠죠.

잠깐 화제를 바꾸겠는데, 이번에 삿포로에서 보여준 중앙통로가 있는 '파사주 안'은 빵 가마가 설치되는 쪽에는 맞배지붕, 그리고 공방과 매장이 있는 쪽에는 평지붕[*1]으로 되어 있습니다. 굳이 말할 필요도 없이 평지붕은 기본적으로 눈이 쌓인 채로 있게 하는데, 이것은 제설 작업이나 마당으로 쓸어내린 눈을 처리하는 작업을 줄이기 위해 고안해낸 것입니다. 그런데 적설량이 1미터 20센티미터 정도가 되면, 역시 눈을 치우는 편이 좋지 않겠느냐고 신카이 씨와 얘기를 나누었어요(1미터 20센티미터라고 딱 잘라서 말했지만, 눈은 쌓이면

*1 경사가 없는 평평한 지붕. 눈이 많은 고장에서는 지붕에 쌓인 눈을 치우는 일도 힘들지만, 마당에 모아놓은 눈을 처리하는 일도 이만저만 큰일이 아니다. 평지붕의 경우, 어느 정도 쌓인 눈은 치우지 않고 그대로 둘 수가 있기 때문에 눈 치우는 작업이 한결 수월해진다. '무낙설 지붕'이라고도 한다.

서 점점 굳어버리니 다만 하나의 기준이에요). 여하튼 이 점을 미리 말해 둘게요.

  다시 파사주 안으로 돌아가면, 건물 한가운데를 통로가 지나감으로써 지혜의 고리가 스르르 풀어지듯이 방의 배치에 대해 뭔가 답답했던 마음도 풀렸어요. 지금 생각해보면, 내가 왜 처음부터 이것을 생각해내지 못했을까 싶을 정도예요. 드디어 이 안을 기본 설계의 최종안으로 할 수 있을 것 같네요. 여기까지 오기까지 예상 외로 시간이 많이 걸렸으니, 이제부터 한층 더 분발해서 늦어진 점을 만회할 생각이에요.

  다음 맛카리무라 방문시기는 눈이 녹은 뒤 창고 해체 공사가 끝나고 대지에 건물의 최종적인 위치를 그리는 작업을 할 때가 될 거예요. 어쩌면 2월 말 또는 3월 초순에 한 번 더 미팅을 하러 갈지도 모르겠네요. 일정이 확실히 정해지면 연락할게요.

이제 2월에 들어서니 맛카리무라는 한층 더 추워지겠네요. 마리 씨와 고타로 모두 감기에 걸리지 않도록 따뜻하게 보내세요.

나카무라 요시후미

나카무라 요시후미가 여행지 파리에서
빵의 향기를 가득 담아 보낸 한 장의 엽서

빵을 굽는 일은 몸과 마음을 건강하게 해주는 직업이군요

2010년 2월 5일

그동안 별 일 없었죠? 한파가 기승을 부린다던 파리는 막상 와보니 평온한 겨울 날씨가 이어져 생각보다 춥지 않네요. 오늘 아침에는 일찍 일어나서 근처 빵집에 크루아상과 바게트를 사러 갔어요. 아직 어두침침한데 따스한 빛과 먹음직스럽게 보이는 빵 냄새가 가게로부터 조금씩 거리로 흘러나와 마음이 평온해지더군요. 빵을 굽는 일은 사람의 몸과 마음을 건강하게 해주는 직업이구나, 라는 생각이 들었습니다.

지금 보내는 이 엽서는 어제 도모노리 씨가 제빵 공부를 했다는 무프타르 가 주변을 산책하다가 발견했어요. 막 산 바게트를 옆구리에 끼고 달려가는 아이가 어찌나 고타로 같던지.
블랑제리 진에 어울리는 엽서이기에 바로 보내요.

나카무라 요시후미

설계 과정에 대해서

대지 안에 있던 창고를 개량하는 안에서 카페가 있는 안,
파사주 안을 거쳐 최종안에 이른 시행착오의 과정

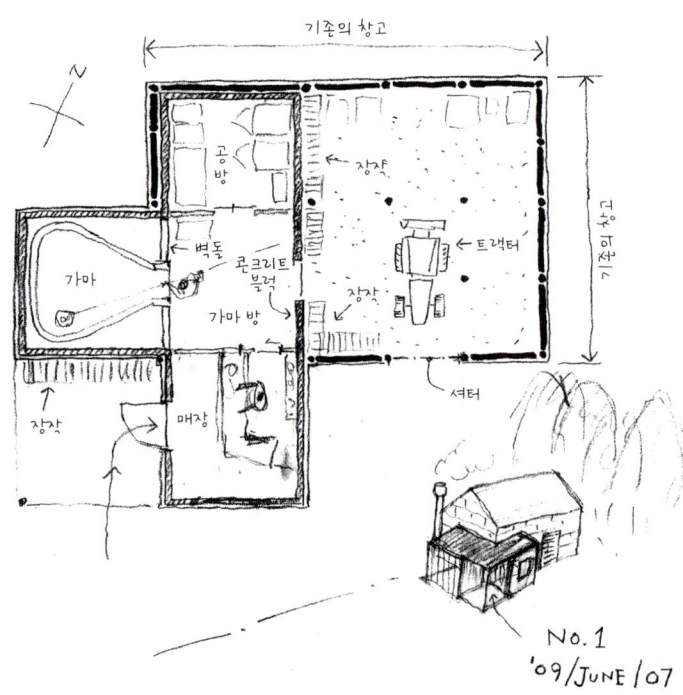

제1안

2009년 6월 7일

2009년 6월 2일과 3일에 처음 맛카리무라의 블랑제리 진을 갔을 때, 마당에 서 있는 창고에 마음이 끌렸다. 제1안은 그 방문 직후에 생각한 것이다.

   신축 공사가 아니라 개량 공사로 하려고 했던 까닭은 비용을 아끼려는 것뿐만이 아니라, 오랫동안 눈과 바람에 견디고 풍경의 일부가 되어 있는 창고에 꿋꿋하게 일하는 장인의 모습이 투영되어 왠지 부수기가 아까웠기 때문이다.

   제1안은 전체적인 느낌을 잡기 위한 초안이다. 기존의 건물 안에 매장, 가마 방, 공방을 종으로 일렬로 배치하고, 장작가마가 설치되는 곳만 증축하여 凸형으로 밖으로 튀어나오게 했다. 전체적으로 면적이 좁고, 가게 뒤에 공간이 없으며, 따로 지붕이 달린 차고가 필요한 점 등 근본적인 문제점이 드러났다.

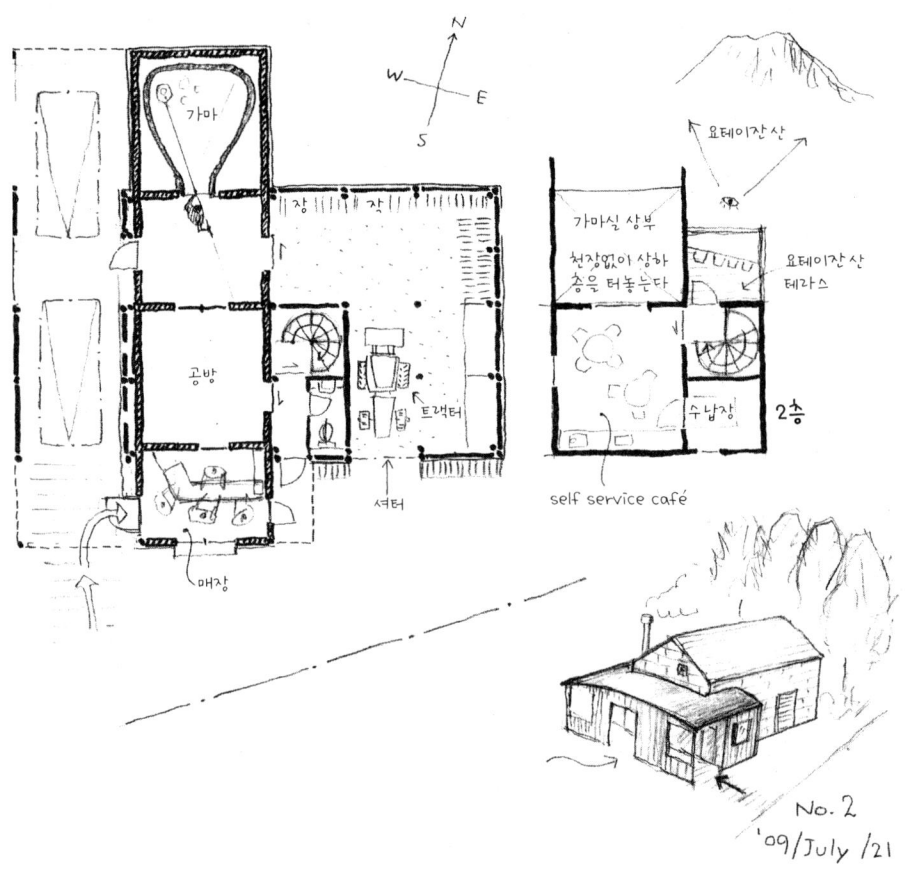

제2안

2009년 7월 21일

매장, 공방, 가마 방, 가마를 종으로 일렬로 배치하고, 기존의 창고에 끼어넣는 제2안.

　창고의 실측조사를 하고 나서 구조모형을 만들고, 가능한 한 기존의 구조를 살리는 것을 기본방침으로 제2안을 완성했다. 매장과 가마는 증축 부분으로서 기존의 창고 밖으로 튀어나와 있게 해서 필요한 면적을 확보했다. 거의 2층 높이인 창고의 공간을 이용해서 공방의 2층에 셀프서비스 카페가 설치되고, 빵을 산 손님은 1층과 2층이 트여 있는 공간을 통해 장작가마에서 빵을 굽는 모습을 보면서 막 구워내온 빵을 카페에서 먹을 수가 있다. 카페 바깥에는 요테이잔 산을 바라볼 수 있는 테라스도 있는, 욕심을 내어 완성한 안.

　2009년 9월 6일. 이 창고 개량안의 도면과 모형을 맛카리무라에 들고 가서, 진 도모노리 씨 부부에게 이 안에 대해 설명했다.

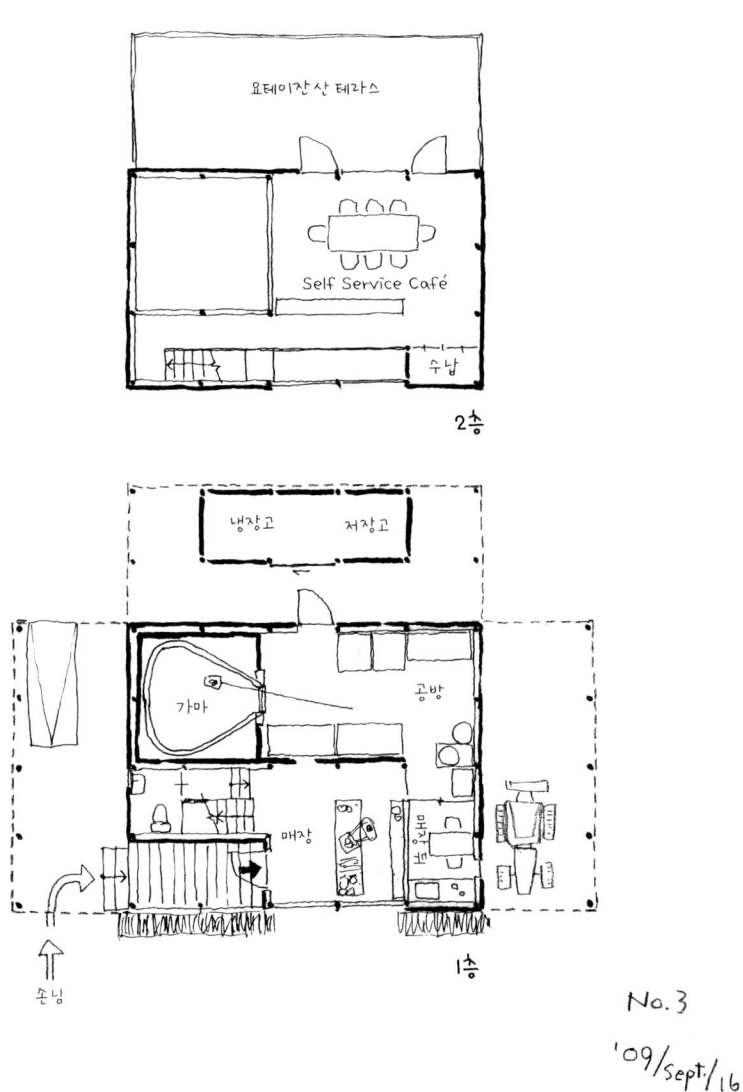

제3안

2009년 9월 16일

창고를 재활용하는 제3안 작성. 기존에 있던 창고의 기둥 바깥쪽에 새롭게 기초를 만들고, 그 위에 토대를 설치하고, 구조보강용 기둥을 세워 창고를 덮어씌우는 안. 창고만 이용해서는 공방의 면적이 부족하다는 사실을 알게 되었고, 외부에 대형 냉장고와 저장고를 놓는 작은 건물을 신축하고 그 위에 테라스를 만든다.

창고의 바깥쪽에 건물을 하나 만들어야 한다는 점, 2층 카페와 테라스가 지나치게 넓은 점 등 공사비가 걱정되는 안.

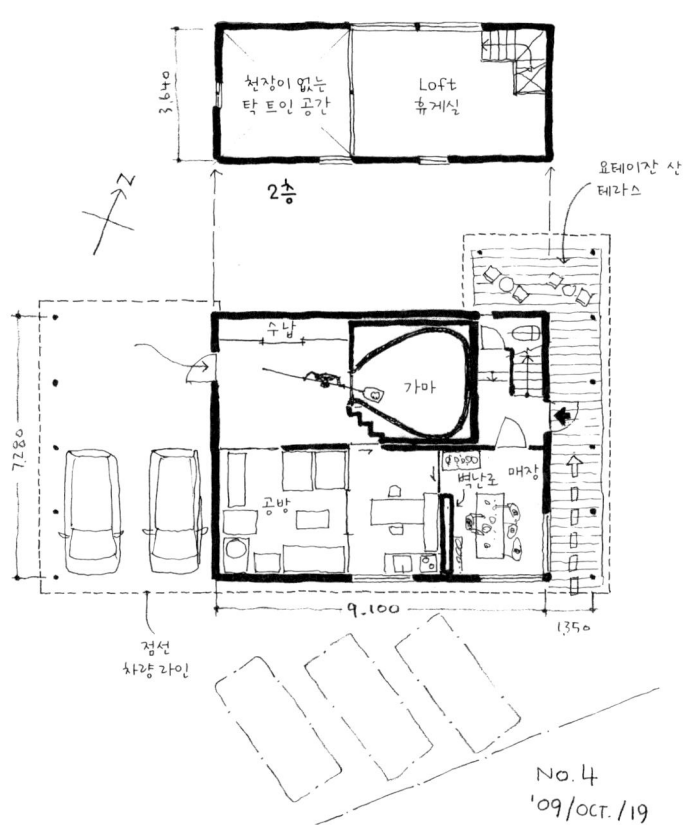

제4안

2009년 10월 19일

창고의 본체를 남겨놓고 저비용으로 동결심도 아래에 기초를 설치하는 방법을 찾지 못했기 때문에 창고를 개량하는 방식을 포기하고, 180도 방향을 전환해서 신축을 기본 방침으로 정한 안.

 횡으로 일렬로 배치한 매장, 매장 뒤 공간, 공방과 가마 방과 가마를 병렬로 배치했다. 가마 방은 열기로 가득차기 때문에 위에 천장이 없이 탁 트이게 했으며, 그 높이를 이용해서 가마의 상부에 작은 방(로프트)을 설치할 수가 있다. 다만 이 장소는 제2안처럼 손님용 셀프서비스 카페가 아니라 부부의 휴게실, 또는 준비실로서 사용할 수 있게 했다(손님에게 막 구운 빵을 맛보게 하고 싶은 마음은 있지만, 현실적으로 두 사람이 쉴 틈 없이 일하기 때문에 카페까지 운영할 수는 없으리라는 판단에서).

 그리고 이 안에서는 가마의 본체와 로프트의 바닥 아래 공간에 차는 열기(가마의 배열)를 이용해서 벽난로로 매장을 난방하는 방법을 찾고 있다.

 건물 서쪽의 넓은 처마 아래는 주차장. 건물 동쪽의 넓은 처마 아래는 빵을 사러온 손님이 가게로 들어오는 통로와 손님이 많을 때의 대기 장소로 되어 있다. 통로의 끝부분에 요테이잔 산을 볼 수 있는 야외 테라스가 있어, 빵을 사면 여기서 막 구운 빵을 먹을 수가 있다.

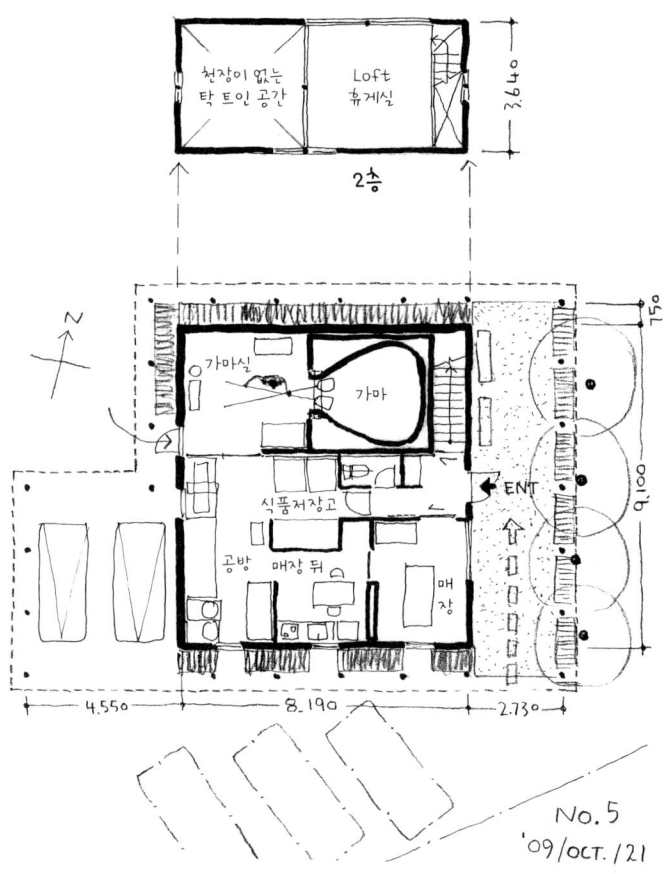

제5안

2009년 10월 21일

지난번 안(제4안)은 공방과 매장 뒤의 면적이 좁았으며, 식품저장고가 작았고, 주택 쪽 뒷문과 매장 뒤 공간을 연결하는 동선이 가마 방을 비스듬히 가로지르게 되어 있어, 빵을 굽는 일에 집중할 수 없는 등의 문제점이 있었다. 이런 점들을 개선한 것이 제5안이다. 2층에는 지난번 안과 마찬가지로 로프트가 있지만, 이 안에서는 장래에 카페가 될 가능성을 남겨놓고 있다.

지난번 안과 같이 건물 서쪽에 차 두 대를 나란히 주차할 수 있는 크기의 처마가 있는 주차장, 건물 동쪽에는 지난번 안보다 더욱 폭이 넓은 통로. 입구보다 더 안쪽에는 기다리는 손님들이 앉는 의자가 놓여 있다.

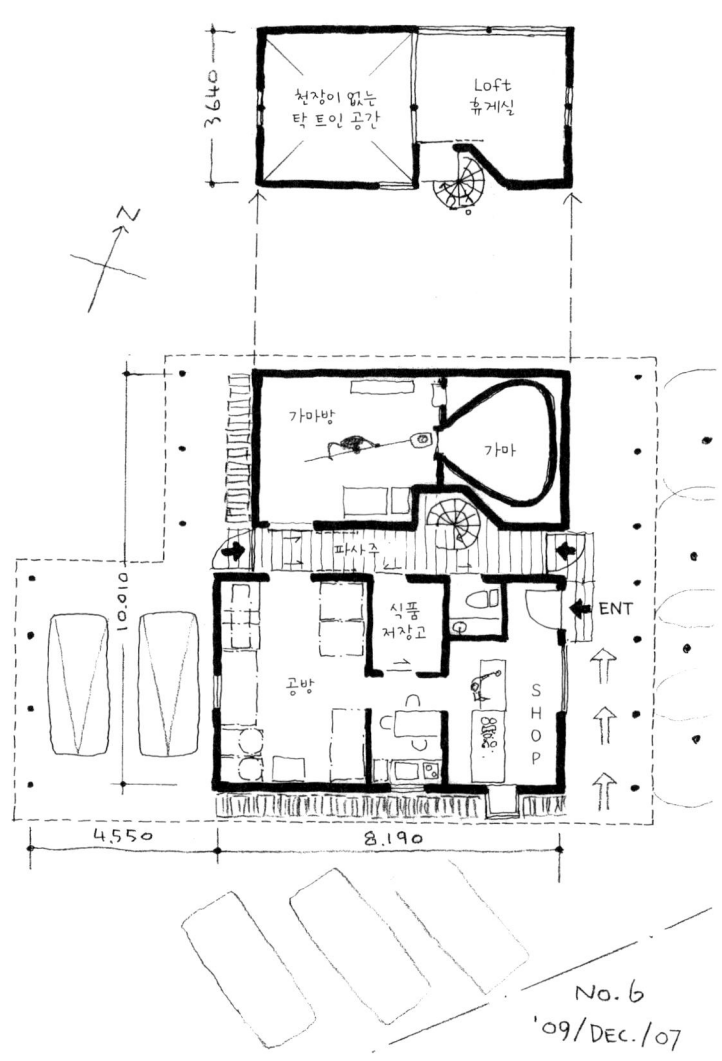

제6안

2009년 12월 7일

이 안의 가장 큰 특징은 '매장, 매장 뒤, 공방'과 '가마실, 가마' 사이에 파사주(중앙통로)를 설치한 점이다. 지난번 안을 보고 진 도모노리 씨가 무심코 중얼거린 "두 공간이 나란히 붙어 있기보다 두 공간 사이에 복도와 같은 완충지대가 있으면 좋겠는데……"라고 한 말을 그대로 활용한 안이다. 이와 같은 희망 사항은 초기의 편지에도 "공방과 가마가 설치되는 방은 하나이지만, 뭔가 그 사이에 기분을 전환할 수 있는 공간이 있었으면 좋겠어요"라고 적혀 있었는데 깜빡 잊어버렸다.

파사주가 생기면서 설계도가 말 그대로 바람이 잘 통하고 명쾌해진 듯하다. 파사주에 변화를 주기 위해서 도중에 폭을 넓게 해 나선계단을 설치하여 로프트로 이어지게 했다. 로프트는 장래에 카페로 사용할 수 있는 아이디어를 포기하고 내객용 침실로 사용하기로 결정했다.

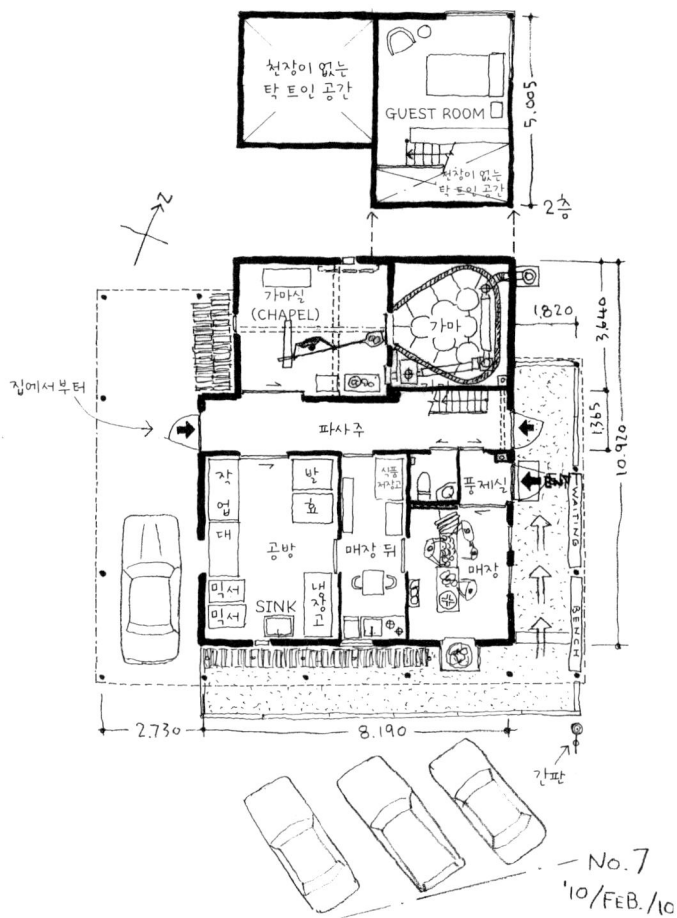

제7안(최종안)

2010년 2월 10일

두 구역이 파사주로 확실하게 구분됨으로써 가마 방이 부산스런 매장이나 공방으로부터 독립하여, 빵을 굽는 데 집중할 수 있는 조용한 곳이 되었다. 게다가 오래된 창고에 있던 들보를 지붕을 지탱할 겸 십자가 모양으로 가마 방의 천장에 걸쳐놓아서 실내에는 예배당적인 분위기가 감돌게 했다. 이로써 진 도모노리 씨의 말을 빌리자면 "자신하고도 빵하고도 조용히 마주설 수 있는 공간"의 실현에 한 발 다가서게 된다. 최종안에 가까워질수록 구체적인 아이디어가 잇따라 나온다.

　이 안에서는 제4안부터 검토했던 벽난로에 의한 난방이 아니라 가마와 로프트 사이에 차 있는 열기를 환기구로 매장 바닥 밑으로 보내서 바닥 난방으로 하는 구조를 생각하고 있다.

- 2월 10일 기본 설계의 최종안(제7안) 작성.
- 2월 18일 나카무라와 신카이가 최종안 도면과 모형을 들고 맛카리무라를 방문, 최종안에 대한 설명을 했다. 진 도모노리 씨가 "이 설계 도안대로 부탁드립니다!"라고 말해서 기본 설계는 이로써 일단락되었다.
- 4월 20일 → 21일 창고 해체. 40여 년간 존재했던 건물이 불과 이틀 만에 사라졌다. 창고의 2층 바닥과 지붕을 지탱하던 다섯 개의 들보는 창고 터에 놓아두었다.
- 4월 22일 창고가 사라진 빈터에 신축할 건물의 배치를 임시로 그려놓았다.

신카이와 나는 거의 최종 단계의 도면과 모형을 들고 맛카리무라를 방문했다. 아들 고타로가 흥미진진한 표정으로 위로도 보고 아래로도 보더니 고개를 비스듬히 하고 뚫어지게 모형을 보고 있다.

(왼쪽 페이지) 기둥과 들보가 완성된 가마 방의 부분. 기존 창고의 지붕 기울기와 비슷하게 해서 창고의 기억과 추억이 이어질 수 있도록 노력했다.

(오른쪽 페이지) 상단 왼쪽 파란 하늘을 배경으로 오래된 창고의 들보를 재활용한 십자가 들보가 공중에 매달려 있다. 들보는 걱정했던 것만큼 어색하지 않고 그럭저럭 잘 어울렸기에 안심했다.

상단 오른쪽 2010년 7월 4일 상량식 당일. 뼈대가 완성된 건물을 보면서 크기와 높이를 확인하고 있다.

하단 천장의 창문 위치와 크기를 확인하기 위해 현장에 들고 간 가마 방의 모형.

(왼쪽 페이지) 상단 제단에 떡을 공양하는 것이 상량식의 관습이지만 떡 대신 빵을 공양했다.

하단 오른쪽 엄숙한 얼굴의 진도모노리 씨 부부와 요시후미가의 시루시반텐(印半纏, 옷깃이나 등에 옥호나 집안의 문양을 하얀색으로 새겨놓은 작업용 간단한 겉옷-옮긴이)을 입은 필자. 뒤에는 공사 관계자들.

(오른쪽 페이지) 조용히 신관이 걸어 들어온다.

(왼쪽 페이지) 상량식에 와준 마을 사람들에게 하늘 높이 빵을 뿌리는 진 도모노리 씨 부부.

(오른쪽 페이지) 상단 진 도모노리 씨가 축사를 읽고 있는데, 아들 고타로와 어린이집 아이들이 스쿨버스를 타고 왔다.

하단 떡이 아닌 빵을 손에 쥔 아이들. 빵뿐만이 아니라 구운 과자도 아낌없이 뿌렸다.

(왼쪽 페이지) 상단 8월 26일→29일, 나카무라 요시후미의 설계사무실 레밍하우스의 직원 및 친구들 총 18명이 맛카리무라에 와서 손이 많이 가는 일을 맡아서 해주었다. 8월 26일, 레밍하우스의 지원부대가 도착해서 바로 작업에 들어갔다. 규조토를 바르는 미장 부대는 미장이 아저씨에게 사전에 지도를 받았다.

하단 왼쪽_진 도모노리 씨가 솜씨를 발휘한 호화스런 점심. 이날은 고소한 빵을 아낌없이 사용한 특제 샌드위치와 더운 날이었기에 맥주도 곁들여졌다.

하단 오른쪽 아들 고타로의 트리하우스 담당 부대는 우선 대충 그린 도면을 보며 작업 방식을 검토하고 있다.

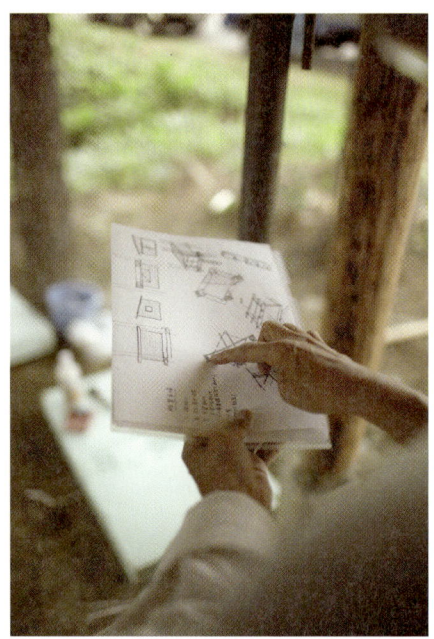

(왼쪽 페이지) 농담을 주고받으면서 웃고 떠들며 화기애애한 분위기 속에서 순조롭게 일이 진행되어 갔다.

(오른쪽 페이지) 상단 도장 부대는 외벽에 모여 열심히 일하고 있다. 이렇게 작업을 하면 능률이 좋은지 나쁜지……. 잘 모르겠다.

하단 자연도료는 바르는 것이 아니라 도료를 문질러 스며들게 해서 나뭇결이 드러나게 한다.

(왼쪽 페이지) 상단 왼쪽 양생을 위해 종이를 붙인 실내는 사우나탕처럼 온도와 습도가 높다. 작업반도 점점 말이 없어진다.

상단 우측 거의 다 바른 가마 방의 벽과 천장. 평평하고 매끄럽게 발라지지 않았지만 나름의 멋이 있고 질감이 좋다. 수채화용 아르쉬 종이와 같은 매력적인 정취를 풍긴다.

(오른쪽 페이지) 집을 지어본 경험이 있는 진 도모노리 씨는 미장 솜씨가 뛰어나다. 천장을 바를 때도 두려워하지도 주저하지도 않고 쓱쓱 발라간다.

(왼쪽 페이지) 고타로의 트리하우스. 이틀 걸려 겨우 외벽이 완성되었고, 이제부터 지붕을 만들려고 한다.

(오른쪽 페이지) 트리하우스는 고타로가 원해서 만들게 되었다. 고타로는 나의 주택 의뢰인 중에서 최연소 의뢰인이 되었다. 트리하우스를 얹을 나무를 고른 것도 고타로다. "나카무라 아저씨, 저 나무가 맘에 들어요"라고 해서 그 나무 위에 만들기로 했다. 홋카이도에서 내가 설계한 가구를 만들어주고 있는 오쿠다 씨가 불쑥 찾아와 트리하우스 작업반에 참가해준 덕분에 일사천리로 작업을 진행할 수가 있었다.

상단 거의 외벽이 다 발라진 상태. 맞배지붕을 얹은 가마 방의 판금공사도 가마 방의 외벽도 이제 조금만 더하면 끝난다.

하단 사다리에 칠만 하면 완성되는 트리하우스.

창고 해체와 창고의 내력에 대해, 그리고 대지 구석에 서 있는 가문비나무를
어떻게 하면 좋을지 나카무라에게 묻는다

오래된 들보가 창고와
새로운 건물을 연결해주는
바통 역할을 해주지 않을까요

2010년 4월 22일
나카무라 요시후미 선생님에게

안녕하세요, 선생님. 지난주에 별 탈 없이 창고를 해체했어요.
 이번 해체 작업을 할 때, 땅주인이 직접 와서 일일이 지시해준 덕분에 선생님이 쓰고 싶다고 하셨던 오래된 다섯 개의 들보를 아무 손상 없이 떼어낼 수 있었어요.
 창고가 해체되어 활짝 트인 땅에 두께와 모양이 제각각인 다섯 개의 들보가 놓여 있어요. 이 오래된 창고의 역사에 대해 주변사람에게 물어보았더니 근처 농가 아저씨가 말씀해주시더군요.

*1 집을 세우기 전에 토지의 영에게 인사를 하고 무사하게 공사가 끝나기를 기원하는 의식.

    이곳에서 조금 떨어진 곳에 있던, 아무도 살지 않았던 집을 해체해서 이곳에 다시 세운 것이 40년쯤 전이며, 떼어낸 들보는 주변에 있던 들메나무를 목수가 직접 베고 켜서 만들었다고 합니다. 동네사람들 모두가 나서서 창고 짓는 작업을 도와주었다며 옛날 일을 떠올리면서 얘기해주셨어요.

    오랫동안 이 땅의 풍경 속에 녹아 있던 창고가 해체되어 없어지자 지금까지 익숙했던 풍경이 이렇게 한순간에 허무하게 바뀌고 마는구나 하는 느낌이 들더군요. 떼어낸 들보가 소중하게 느껴지고, 빈터에 놓여 있는 들보가 기존의 창고와 새로운 건물을 이어주는 바통 역할을 해줄 것이라는 생각이 들었어요.

    드디어 창고 해체 작업도 끝났기에 예정대로 황금연휴가 끝나면 지진제*1를 지내려고 해요. 처음 하는 일이기에 신관에게 일정이나 공양물, 준비해두어야 할 것 등이 무엇인지 물어보았어요. 일정이 확실하게 정해지면 다시 연락드릴게요.

  땅에 관해서 의논하고 싶은 일이 한 가지 더 있어요. 건축 대지 구석에 가문비나무가 여섯 그루 서 있어요. 땅주인이 이왕 공사하는 김에 나무도 베어주겠다고 하는데 어떻게 하면 좋을까요. 우리는 가능하다면 더 이상 풍경이 바뀌는 것을 원하지 않기 때문에 베지 않고 그대로 놓아두고 싶어요. 공사하는 데 방해가 된다면 어쩔 수 없겠지만 여하튼 이 문제에 대한 선생님의 의견을 되도록 빨리 듣고 싶습니다.

  그리고 내심 떨면서 건축시공사가 보내줄 견적서를 기다리고 있었는데, 막상 받아보니 예산을 넘지 않아서 안도의 한숨을 내쉬었습니다. 지금까지 마음이 들떠서 꿈을 꾸듯 진행되던 설계 단계가 끝나고 갑자기 현실로 되돌아오니 대출을 위해 꼼꼼하게 이것저것 준비해야 할 것이 많네요. 우리와 같은 건축 의뢰자에게는 가장 중요한 승부처가 자금 문제가 아닐까 싶어요. 지진제, 건축시공사와의 공사 계약, 은행과 대출 계약 등 서둘러서 처리해야 할 일이 한꺼번에 밀려오네요.

  다음에 현장에서 뵐 수 있는 날이 언제쯤일까요. 항상 즐거운 건축에 대한 이야기를 들을 수가 있어서 삶의 큰 기쁨을 누리고 있습니다.

  맛카리무라는 드디어 남아 있던 눈마저 사라지고 조금씩 봄이 다가옵니다. 이제 드디어 공사가 시작되겠네요.

진 도모노리

***2** 실제 건물을 세우는 건축 대지에, 설계도에 따라 전체 배치를 밧줄이나 끈으로 쳐서 표시한다. 구석구석에 나무말뚝을 박고 대형 나무 삼각자 등으로 수직으로 세운다. 지진제 뒤에 하며, 목조건축에서만 있는 과정이다.

• 4월 27일 나카무라와 신카이가 맛카리무라를 찾아가서, 임시로 방의 배치를 표시해놓은 줄*2을 참고하면서 건물의 정확한 위치와 방향을 결정했다. 일반적으로 줄로 표시해놓으면 방이 작게 보인다. 특히 가마를 설치하는 가마 방이 상당히 비좁게 여겨져 불안했지만, 옆에 있는 현재 쓰고 있는 장작가마 벽돌집과 비교해보고 나서 그럭저럭 괜찮을 것 같아 가슴을 쓸어내렸다.

여섯 그루의 가문비나무는 꼭 남겨두고 싶다는 답변과
지진제에 참석할 수 없는 이유에 대해 전한다

이제 은행 대출만 받으면
본격적인 항해가 시작되겠네요

2010년 4월 30일
진 도모노리 씨에게

    지난번에는 정말 고마웠어요. 건물 위치도 정해져서 이제 한시름 놓았네요. 지금의 방향이면 2층 손님방에서 요테이잔 산이 한눈에 들어올 거예요.
    어제부터 황금연휴가 시작되었네요. 도쿄는 도로도 한산하고 전철도 텅 비어 있어 맥이 빠질 지경이에요. 차와 사람이 항상 이 정도 밀도로 있다면 좋겠다는 생각을 하면서, 오늘은 이노가시라 공원 근처에 새로 공사를 시작할 건축 대지를 보러 갔어요.
    창고 해체 작업이 무사히 끝났고 제가 부탁했던 들보를 무사하게 떼어놓았다니, 지난번 엽서에 적어놓은, 가마 방 천장에 십자가 들보를 걸쳐놓는 계획이 드디어 첫걸음을 내딛었네요.

편지에 적어놓은 대로 눈에 익은 건물이 없어진 뒤의 땅은 왠지 모르게 '빈 껍질' 같은 공허함과 적막함이 풍기는 법이죠. 건축 대지에 놓여 있는 오래된 들보를 도모노리 씨는 릴레이 경주의 바통에 비유했는데, 그 문장을 읽은 순간 "역시!" 하며 무릎을 탁 쳤어요. 저는 시각적인 인간이기에 오랜 세월 달려와서 피로가 누적된 창고가, 달리고 싶어 몸이 근질근질한 새로운 건물에 바통을 건네주는 장면이 무심결에 눈앞에 떠올랐거든요.

아 참, 건축 대지 가장자리에 방풍림으로서 서 있는 가문비나무에 대한 얘기를 할게요.

처음에 신카이 씨의 차를 타고 거기에 갔을 때 길을 헤매는 바람에 좀처럼 찾아가지를 못했는데, 드넓게 펼쳐진 풍경 속에 줄지어 서 있는 우람한 가문비나무가 눈에 들어왔고, 그 가문비나무의 품에 안겨 있듯 자리잡고 있는 예스러운 창고를 발견했을 때 저도 모르게 "아, 저거다!" 하며 소리를 질렀지요. 짐작했던 대로 그곳이 블랑제리 진이었고요. 나란히 서 있는 가문비나무가 막막한 풍경 속에서 표지 역할을 멋지게 해주고 있더군요. 다르게 표현하자면, 드넓은 풍경 속에서 사람이 생활하는 온기를 암시해주고 있었다고나 할까요? 저는 그 여섯 그루의 가문비나무를 꼭 남겨두고 싶어요, 아니 꼭 남겨놓아야 한다고 생각해요.

끝으로 견적서에 대한 이야기인데, 내심 떨고 있던 것은 사실 저도 마찬가지였어요. "아마 예산을 크게 넘어설 터인데 그땐 어떻게 하지? 검소하게 짓는 거라서 더 이상 절약하래야 할 수도 없는데……"하며 팔짱을 끼고 천장을 노려보며 한숨을 내쉬고 하던 참이었죠. 그래서 Y건축시공사와 담당자 미치즈카 씨가 넓은 도량으로 견적서를 써준 점에 감사하고 있어요. 이제는 은행에서 대출만 받으면 새로운 집짓기를 향한 본격적인 항해가 시작되겠네요. 은행과의 대출 상담이 순조롭게 진행되기를 진심으로 기도할게요.

그럼, 좋은 소식이 날아오기를 목을 길게 빼고 기다리고 있겠습니다.

마리 씨와 고타로에게도 안부 전해주세요.

나카무라 요시후미

추신

지난번에 잠깐 얘기했는데, 이번 지진제에는 참가하지 않을게요(교통비와 숙박비를 현장 감리 쪽으로 돌리고 싶기 때문에). 신카이 씨와 미치즈카 씨는 참석할 터이니 여러모로 부탁드려요.

*1 三方. 앞과 좌우에 구멍이 난 굽이 달린 작은 목판. 제를 올릴 때 공양물을 올려놓는다. 보통 크고 작은 둥그런 하얀 떡을 두 개 포개어 올려놓는데, 진 도모노리 씨는 떡 대신에 빵을 포개어 올려놓았다.

- 5월 15일 → 25일 정화조 설치에 대한 법률 해석을 둘러싸고 관청과 의견이 대립되었다. 몇 번이나 관청 담당자와 협의를 한 끝에 기존의 건물과 신축 건물은 용도상 불가분의 관계에 있는 것으로 결정되어 정화조 한 대를 놓는 것으로 해결되었다.

- 5월 27일 지진제를 지냈다. 지진제에 참석하지 못했던 나카무라 요시후미에게 신카이가 산보*1 위에 떡이 아닌 빵을 올려놓은 사진을 이메일로 보내주었다.

나카무라의 새 책을 읽고 난 뒤의 조금 흥분된 느낌과
그 책에 자극을 받아 새로운 요청 사항이 생겼음을 전한다

외벽과 내장을 좋아하는 색으로 칠해서
가게 특유의 멋을 내고 싶어요

2010년 6월 2일
나카무라 요시후미 선생님에게

안녕하세요. 선생님.
 정화조 문제로 관청과 법률 해석을 둘러싸고 옥신각신했지만 오늘 무사하게 착공했어요. 앞으로 남은 서너 달 간의 공사 기간 중에 골치 아픈 문제가 일어나지 않고 순조롭게 공사가 진행되기를 기원하고 있어요.
 어제 선생님의 새 책『보통의 주택, 보통의 별장』이 서점에 진열되어 있기에 당장 사서 읽어보았어요. 덕분에 오랜만에 즐겁고 뭔가 얻은 듯한 휴일을 보낼 수가 있었네요. 그 책을 단숨에 다 읽고 흥분

*1 조각가 이가라시 다케노부를 위해 나카무라 요시후미가 설계한 쇼난(湖南) 아키야(秋谷)에 있는 주택과 아틀리에. 『보통의 주택, 보통의 별장』에 "멋있는 주택이 필요한 게 아니어서 나카무라에게 의뢰했다"는 유쾌한 에피소드가 나온다.

이 채 가시지 않은 상태에서 이 편지를 쓰고 있습니다.

책을 읽고 나니 "역시 대단하다"라는 감탄이 절로 나왔고, 어렵게 나카무라 선생님에게 설계를 의뢰했으니 좀 더 적극적으로 관계를 맺어가고, 그러면서 선생님에게 무언가를 좀 더 배우고 싶다는 마음이 강하게 솟아났어요.

지금 우리 머릿속에 있는 해보고 싶은 방향이나 하고 싶은 마음을 그대로 표현해서 몸으로 배워야겠다는 생각이 무심코 들더군요. 특히 책 속에 소개되어 있는 조각가 이가라시 다케노부(伍十嵐威暢)*1 씨의 아틀리에와 집에 매료되었어요. 생활공간과 작업공간이 적당한 거리로 유지되어 있는 점, 외관에도 그 차이가 나타나고 있는 점 등등.

우리 집과 새로 짓는 빵집을 이가라시 다케노부 씨의 아틀리에와 주택에 비교해보고, 그런 관계도 괜찮지 않을까 하는 생각이 들었어요. 구체적으로 말하자면 새로 짓는 빵집의 외벽과 내장을 좋아하는

- *2 『보통의 주택, 보통의 별장』에 나오는 'MITANI HUT'의 현관문 사진에 실려 있는 놋쇠로 만든 문손잡이. 시간이 지나고 손때가 묻으면서 특유의 아름다움을 느낄 수가 있다.
- *3 타원형의 귀여운 모양을 좋아해서 나카무라 요시후미가 애용하는 놋쇠로 만든 경첩.
- *4 건물의 가장 위에 있는, 들보에 해당하는 마룻대가 무사히 올라간 것을 축하하고, 이후의 공사가 안전하기를 기원하는 의식. 이웃사람들을 불러 술과 떡을 대접하는데, 진 도모노리 씨는 술과 떡 대신에 빵과 구운 과자를 뿌리며 함께 상량의 기쁨을 나누었다.

색으로 칠해서 가게 특유의 멋을 내고 싶다는 생각이 들었어요(조금 외출한 듯한 분위기?).

매장의 문만 페인트칠을 하고 싶어요. 그레이베이지나 엷은 네이비블루 등을 생각하고 있는데 어떻게 생각하세요? 그리고 책에 나와 있는 놋쇠*2 문손잡이나 올리브 모양*3의 경첩 등도 쓰고 싶고요. 이전에 사진으로 보았던 '담쟁이덩굴로 덮인 창문이 있는 가게'와 같이, 분위기가 좋은 집의 입구가 되면 좋겠다는 생각을 하고 있어요.

구체적인 희망 사항과 요망이 자꾸 생깁니다. 7월 4일 상량식*4 때 오시면 선생님의 여러 의견을 듣고 싶어요.

그럼, 다음 달 상량식 때 초여름의 맛카리무라에서 기다릴게요.

진 도모노리

책에 대한 관심과 감상에 대한 인사를 보내고 새 빵집에 대한
진 도모노리 씨 부부의 흥분과 의욕을 부드럽게 진정시킨다

색을 결정하는 즐거움은 서두르지 말고 좀 더 나중에 누리도록 하죠

2010년 6월 10일
진 도모노리 씨에게

안녕하세요. 나카무라 요시후미입니다.

우선 출판되자마자 바로 구매해서 꼼꼼하게 읽어주셔서 감사드려요. 『보통의 주택, 보통의 별장』은 제가 설계한 주택과 별장에 대해 처음으로 쓴 책이에요. 건축 카메라맨이 찍은 빈틈없는 사진과 아름다운 도면으로 구성한, 건축가를 위한 작품집이 아니라 이를테면 생활하는 사람의 인품과 분위기를 느낄 수 있는, 생활감이 전달되도록 쓴 책이죠. 카메라맨 아마미야 씨가 이런 의도를 확실하게 이해해주고, 집의 외부와 내부를 정리하지 않은 채 있는 그대로 자연스럽게

찍어주어서 그와 같은 '평범한 책'이 나올 수 있었어요.

두 분은 아마미야가 찍은 사진까지 구석구석 유심히 살펴본 것 같습니다. 이가라시 다케노부의 집과 아틀리에의 관계에 주시하고, 놋쇠 문손잡이나 올리브 너클 경첩을 알아차렸으니, 어떻게 그런 점까지 유심히 보았는지 감탄했어요.

그런데 편지에서 말했던 외벽의 색이나 가게 문의 색 등에 대해서는 공사가 좀 더 진행되고 건물의 모습을 알게 된 시점에서 의견을 주고받으며 결정하는 게 좋지 않을까요. 저 역시 진 도모노리 씨의 가게에 어울리는 색조(톤)로 하고 싶으니 색을 결정하는 즐거움은 서두르지 말고 좀 더 나중에 누리도록 하죠.

드디어 공사가 시작되고 기초 공사도 예정대로 진행되고 있는 듯하네요. 기초 공사는 물속에서 필사적으로 발을 젓는 오리의 모습처럼 힘들고 시간이 걸리는 일이되 눈에 띄는 변화는 보이지 않게 마련이니 마음을 느긋하게 갖고 지켜봐 주세요.

오늘은 이만.

나카무라 요시후미

- 6월 20일 신카이가 목재 창틀의 재종과 샘플 색을 보내주었다. 재종은 물푸레나무로 정하고, 색을 칠하지 않고 훈연 처리(목재를 연기에 그을려서 강도를 높이고 썩지 않게 하는 방법)하기로 했다.

상량식을 코앞에 두고 십자가 들보가 어울릴지 걱정하면서
"떡 대신에 빵을 뿌리자"고 제안한다

중요한 상량식인데
떡 대신 빵을 뿌리면 어떨까요

2010년 6월 30일
진 도모노리 씨에게

안녕하세요. 별 일 없으시죠.

다음 주에 드디어 상량식을 올리네요. 현장 감독인 미치즈카 씨가 능숙하게 작업을 진행해온 덕분에 착공하고 나서 상량식까지 시간이 별로 걸리지 않은 것 같아요.

상량은 공사 과정 중 한 단계지만 사실 설계자에게도 중요한 단계(라고 하기보다 '부분'이라고 하는 편이 좋을지 모르겠네요)죠. 지금까지 도면과 모형을 통해 생각해오던 건물이 비로소 현실적인 형태와 크기로 그 모습을 나타내기 때문이죠. 건물이 주위 풍경과 자

연스럽게 조화를 이루는가, 건물이 지나치게 크지 않나, 내부는 편안한 공간이 될 것 같은가, 동선은 자연스럽게 이어지고 있는가 등등의 결과가 상량 단계에서 분명하게 드러나기 때문에(건축 의뢰인에게 그런 기색은 내보이지 않지만) 사실 내심 안절부절못하게 마련이에요.

솔직히 털어놓으면 이번에 가장 걱정되는 점은 빵 가마를 설치하는 방의 지붕을 지탱하기 위해 십자가 모양으로 올린 들보의 두께예요. 원래 기존에 있던 창고의 들보를 십자가 모양으로 재활용하는 아이디어는 진 도모노리 씨가 처음 편지에 적어놓았던 "예전에는 빵을 가마에 넣을 때 십자를 긋고 기도를 드렸다고 합니다"라는 말에 감명을 받고 거기서 힌트를 얻은 것이었죠. 그런데 창고를 해체하고 막상 통나무로 된 들보를 내리고 보니 그것이 생각했던 것 이상으로 두꺼워서 자칫 잘못하면 민가 개량 공사에서 흔히 볼 수 있는 여봐란 듯이 으스대는 들보가 될 수 있겠더군요. 창고에 대한 기억을 남기고 싶은 마음과 빵 가마에 기원하고 싶은 마음을 합친 십자가였기에 어디까지나 상징적인 존재로 있기를 바랐지, "자 봐라. 멋진 들보지!" 하며 자랑하는 느낌으로 보여서는 곤란했어요. 이 점에 대해서는 지금은 오로지 "그렇게 되지 않도록……" 빌고 있을 뿐이에요.

무엇보다도 중요한 상량식에 대해서 말하자면, 모처럼의 기회니 떡이 아니라 빵을 뿌리면 어떨까 싶어요. 땅주인은 물론 근처 밭에서 일하는 아저씨, 아주머니, 그리고 고타로의 어린이집 친구들도

*1 홋카이도 다테 시에 살면서 가구를 직접 만드는 오쿠다 다다히코(奥田忠彦) 씨. 오랫동안 나카무라 요시후미가 디자인한 가구를 만들고 있는, 나카무라 요시후미가 신뢰하는 목공인.

오게 해서, 새로운 빵집이 생기는 기쁨을 맛카리무라의 사람들과 나누어갖는 유쾌한 행사가 되었으면 좋겠어요.

저는 당일 아침 신치토세 공항에서 신카이 씨의 차를 타고 점심 전에는 도착할 예정이에요. 카메라맨인 아마미야 씨는 전날에 공항에서 렌터카를 빌려 한 발 먼저 맛카리무라에 들어가겠다고 합니다. 가구를 만드시는 오쿠다 씨*1도 다테 시에서 달려갈 겁니다.

그럼, 상량식 날이 어서 오기를 기다리고 있을게요.

나카무라 요시후미

추신

보통 상량식에는 일본술에 상량을 축하하는 글을 적은 노시(熨斗, 일반적으로 경사스런 날에 선물 등에 첨부하는 종이로 만든 장식품 - 옮긴이)를 붙여서 신에게 올리는데, 빵을 올린다면 샴페인이 어울릴 것 같네요. 어느 쪽으로 할 것인지 결정되면 말씀해주세요. 제가 준비해갈게요.

- 7월 4일 초여름의 맑은 하늘 아래 상량식을 올렸다. 땅주인인 I씨를 비롯해서 나카무라, 신카이, 오쿠다 등이 참석했다. 신관이 정해진 의식을 시작할 즈음부터 마을 사람, 어린이집 아이들이 잇따라 모여들어 축사 등 신에게 올리는 제사를 구경했다. 그 뒤 이날의 주행사인 '빵 뿌리기'를 했다.

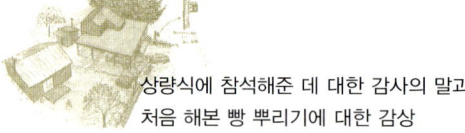

상량식에 참석해준 데 대한 감사의 말과
처음 해본 빵 뿌리기에 대한 감상

기둥이 서고 들보가 올라가고
삼각형 모양의 지붕이 모습을 드러냈을 때
마음이 푹 놓이더군요

2010년 7월 6일
나카무라 요시후미 선생님에게

그저께 상량식에 와주셔서 정말 감사했어요.
동네 아저씨, 아주머니들도 고타로의 어린이집 친구들도 모두 재미있었다고 하더군요. 우리도 준비하는 데 힘은 들었지만 역시 성대하게 빵 뿌리기를 하길 잘했다고 생각하고 있어요.
상량식 날은 아침부터 부지런히 빵을 굽고 친구에게 구운 과자도 부탁해놓고 해서, 결국 골판지 상자 다섯 개에 가득 빵과 과자를 채웠어요.
이렇게 많이 준비하게 된 것도 다 이유가 있지요. "동네 사람들과 아이들도 불러 상량식 때 빵을 뿌릴 생각이다"고 친구에게 얘기했더니, "아마 아저씨, 아주머니들……, 체면 차리지 않을걸. 어른이고 아이고 정신없이 달려들어 빵을 주울 거야"라고 조언을 해주더군요. 그 말을 듣고 보니 "어린이집 아이들 중에는 얌전한 아이들도 수두룩하고, 아저씨들의 기세에 놀라 멍하니 있는 사이에 빵 뿌리기가 끝나고 나면, 이만저만 미안한 일이 아니기에 이왕 만들 것 잔뜩 만들어두어야겠다고 생각했던 거죠(예상했던 대로 모두 앞 다투어 빵을 줍더군요).

덕분에 우리도 원 없이 실컷 빵을 뿌릴 수가 있었고, 나카무라 선생님이 큰소리로 즐거운 듯이 빵을 뿌리는 모습을 볼 수도 있었네요. 그리고 아이들도 들고 갈 수 없을 정도로 빵과 과자를 양손에 가득 안고 있는 모습을 보고 "정말 많이 만들어놓길 잘했군. 모두와 함께 즐겁게 상량식을 할 수 있게 되었으니 말이야" 하며 가슴을 쓸어 내렸던 기억이 지금도 새롭습니다.

그런데 정작 중요한 십자가 모양으로 올려놓은 들보에 대한 느낌을 물어보는 것을 잊어버렸는데……, 어떠셨어요? 그러고 보면 건물에 대한 얘기는 별로 하지 않았네요.

실제 공사 현상을 눈으로 직접 보고 하루하루 완성되어 가는 건물을 지켜보고 있으면 "우리가 바라는 점을 정말 알고 있는 걸까?", "제대로 이해하게끔 설명을 한 것일까?" 하며 불안해지곤 했어요.

하지만 기둥이 서고 들보가 올라가고 삼각형 모양의 지붕이 모습을 드러냈을 때 마음이 푹 놓이더군요. 그날은 자못 흥분된 말투로

아내와 둘이 "좋아, 아주 좋아. 딱 좋은 크기네" 하며 신이 나서 줄 곧 그 이야기만 했죠.

상량식은 우리에게도 중요한 마음의 한 단계가 된 듯해요.

여러모로 감사합니다.

그 뒤로 순조롭게 공사가 진행되고 있어요. 이제 오늘부터 벽과 천장 공사를 하기 시작했어요. 두근거리는 가슴을 안고 지켜보고 있습니다.

진 도모노리

- 7월→8월 상량식 뒤 좋은 날씨가 이어져 순조롭게 공사가 진행되었다.
- 8월 11일 신카이와 함께 공사 현장을 찾아온 나카무라 요시후미는 Y건축시공사의 미치즈카 씨와 미닫이문의 틀에 대해 꼼꼼하게 의논하고, 지붕과 벽에 판금을 입히는 방법 등에 대해 얘기할 때 진 도모노리 씨가 "좀 더 오래된 느낌으로 할 수는 없을까요"라고 말한다.

팩스. 나카무라는 진 도모노리 씨의 "좀 더 오래된 느낌으로……"라는
말이 마음에 걸려, 건축에 대한 가치관을 공유하기 위해 편지를 쓴다

기능성이나 합리성이 뒷받침된
건축이야말로 '아름답다'

2010년 8월 16일
진 도모노리 씨와 마리 씨에게

지난번에 맛있는 점심을 준비해주셔서 고마웠어요.
공사가 착착 진행되어가는 모습을 보니 마음이 설레네요.
바로 본론으로 들어가자면, 그날 현장에서 도모노리 씨가 "나카무라 선생님, 좀 더 오래된 느낌으로 할 수는 없을까요?"라고 한 말이 그 뒤에도 계속 마음에 걸리고 있어요.
도쿄에 돌아온 뒤에도 도모노리 씨와 마리 씨와 나 사이에 있는 '가치관의 차이'나 '감각의 어긋남'이 무엇일까, 하며 그 미묘한 차이에 대해 곰곰이 생각했어요.

저는 건축가이니 역시 구조, 성능, 사용하기 편리한 정도나 내구성을 최우선으로 생각해요. 이것을 다르게 표현하자면 기능성이나 합리성이라고 말할 수 있을 거예요. 그리고 이와 같은 기능성이나 합리성이 뒷받침된 건축이야말로 '아름답다'는 신념이 제 속에 있고요.

느닷없는 말이지만, 여성의 아름다움에 비유하면 이해하기 쉬울 거예요.

건강한 몸과 건전한 정신을 가진, 지적이고 올바른 자세로 삶을 살아가는 여성이 아름답다고 생각해요. 화장 따위를 하지 않아도 맨얼굴 그 자체가 아름다워야 한다는 거죠.

저는 그런 본래의 의미에서 '건강하고 자세가 올바른 건축'을 목표로 하고 있어요. 단순히 좋게 보이게 하기 위해 작위적이고 짐짓 꾸민 듯한 짓은 하지 않으며 화장도 하지 않아요. 생각과 정신의 형태가 그대로 건축에 나타나면 그로써 좋다고 생각하고 있죠.

여기서 잠시 멈춰서서 생각해보면, 혹시 도모노리 씨와 마리 씨가 추구하고 있는 것은 '분위기의 건축' '화장의 건축'이 아닐까 하는 점이에요. 이전에 저에게 창틀에 담쟁이덩굴이 타고 올라가있는 사진을 보여주었을 때 "어라?"라는 생각이 들었던 것도 저는 그것이 본질적인 모습이 아니라 '정서적' '분위기적' '작위적'인 모습으로 여겨졌기 때문이죠(지금이니 솔직히 말씀드리지만, 영화 세트도 아니고 사진에 찍힌 멋진 창과 같은 창문을 만들기 위해 사진 속의 창문처럼 담쟁이덩굴을 타고 가게 할 수는 없지 않나, 하는 기분이었죠).

이런 관계로 저는 '오래된 느낌' '소박한 느낌' '작은 집다운 모습'

을 내기 위해 연출하는 것 역시 본말전도가 아닐까 생각해요. 이것도 일종의 '화장'이기 때문이죠. 이 점을 확실하게 이해해주었으면 해요.

사실 제가 의뢰인에게 이와 같이 말을 꾸미지 않고 단도직입적으로 의견을 말하는 경우는 좀처럼 없어요. 다만 사물을 본질적으로 생각하는 습관이 있는 진 도모노리 씨 부부라면 이 점을 분명히 알아줄 것이라고 믿고 있기 때문이에요. 저는 무엇보다도 서로 어긋나 있는 감각으로 인해 앞으로의 공사에 점차 틈이 생기지 않을까 걱정이 됩니다.

두 분에게는 불편한 편지일지 모르지만 이 문제에 대해서 한 번 더 생각해주기를 부탁드릴게요.

나카무라 요시후미

나카무라가 보낸, 단호하게 타이르는 팩스를 읽고
진 도모노리 씨 부부는 적잖이 동요한다

굳이 이렇게까지 엄하게 지적해주시지
않아도 되지 않을까…… 하는 생각이 들어요

2010년 8월 16일
나카무라 요시후미 선생님에게

팩스 잘 받았습니다. 본의 아니게 걱정을 끼쳐 드렸네요.
바로 본론으로 들어가자면, 그때 선생님에게 "좀 더 오래된 느낌으로 할 수는 없을까요?"라고 한 말, 지금도 분명히 기억하고 있습니다. 다만 그것은 깊은 의미가 담긴 말이 아니었습니다. 미요타에 있는 통나무집의 오래된 모습이 마음에 깊이 와닿았기 때문에 "왜 그런 느낌이 나지 않는 거죠?"와 같은 질문이었던 것이죠. 선생님은 "한랭지에 짓는 건물이기 때문에 기능적인 면을 생각하면 오래된 느낌이 나게 해선 안 되겠죠? 미요타의 통나무집은 겨울에는 사용하지 않고, 그리고 전문가의 힘을 빌리지 않고 우리가 직접 지었기 때문에 오래된 느낌이 나는 것뿐이에요"라고 대답해주셨지요. 그 설명으로 충분히 이해가 되었어요. 그 이상도 그 이하도 아닌 단순한 수준의 질문이었습니다.

'분위기의 건축' '화장의 건축'이란 말을 들으니 가슴 한구석이 찔립니다. 하지만 분명한 것은 저의 질문은 깊은 의미가 담긴 말이 아니라 나카무라 선생님이 설계한 건물의 그 부분이 좋다는, 결국 표층적인 질문이었다는 겁니다. 그러니 굳이 이렇게까지 엄하게 지적해주시지 않아도 되지 않을까…… 하는 생각이 들어요.

저는 나카무라 선생님과의 사이에 틈이 생기고 있다는 느낌이 들지 않아요. 오히려 나카무라 선생님의 감각에 가까워지고 싶고 더욱더 배우고 싶은 마음이죠. 앞으로도 선생님이 어떻게 생각하고 계신지 알고 싶은 마음으로 소박한 질문을 드리고 싶으니 아무쪼록 잘 부탁드릴게요.

오늘 가마 방에 창문을 달았어요. 다 지은 모습이 기대돼요.

진 도모노리

*1 벽을 바르는 미장 재료. 습도를 조절하는 작용이 있다. 흙손을 사용해서 바르는데, 매끄럽게 바르기 위해서는 숙련된 기술이 필요하다. 단 울퉁불퉁하게 서투르게 칠해도 특유의 느낌이 있어 나름의 멋이 있다. 106~107쪽 참조.

- 8월 15일 → 17일 레밍하우스의 기쿠야 시호(菊谷志穂)는 8월 말에 시작할 예정인 내부의 미장 공사(규조토 칠*1)의 재료 준비와 운송하는 방법에 대해, 신카이와 긴밀하게 의견을 주고받았다. 재료는 레밍하우스에서 구해서 신카이의 사무실로 보냈고, 신카이가 차로 현장에 갖다주기로 했지만, 미장 재료를 미리 개놓으면 양도 많고 무거워서 승용차에 싣고 갈 수 없다는 사실을 알게 되었다(120m² 분의 재료). 결국 물을 섞지 않은 상태로 현장에 직송하기로 했다.
- 8월 19일 레밍하우스의 직원 6명은 미장이의 제자가 되어 하루 종일 미장 기술을 배웠다. 흙을 바르는 작업도 힘들지만 사전에 양생하는 작업이 그에 못지않게 힘들다는 사실을 몸으로 배웠다.

막바지 공사 현장에서 그동안 진행되어온 설계를 돌이켜보며 생각난 점과
홋카이도로 작업하러 갈 지원부대 파견에 대하여

도모노리 씨는 의뢰인이자 동시에
공동 설계자입니다

2010년 8월 21일
진 도모노리 씨와 마리 씨에게

안녕하세요.
여기는 연일 폭염이 기승을 부려 몸과 마음이 지쳐 있는 상태인데, 아마 맛카리무라는 상쾌한 바람이 부는 쾌적한 여름이 아닐까 싶네요.
세부적인 작업을 다시 하는 등 재작업을 하기도 했지만, 순조롭게 공사가 진행되어 이 현장에서 가장 중요하고 최고 난관인 '빵 가마 설치'[1]라는 큰일을 제외하면 건축공사는 드디어 완성을 눈앞에 두고 있네요. 골라인이 보이기 시작해도 긴장을 늦추기는커녕 더욱더

*1 나카무라에게 설계 의뢰 편지를 보내기 전부터 진 도모노리 씨는 새로 짓는 빵집에 꼭 들여놓겠다는 빵 가마가 있었다. 일본의 어떤 빵집에서 쓰고 있는 모습을 보고 첫눈에 반한 가마다. 이 빵 가마는 프랑스에서 제조되기 때문에 진 도모노리 씨는 직접 현지 공장까지 가서 주문해서 들여왔다. 하지만 의사소통이 제대로 되지 않아 중심 부분이 조립된 형태로 도착하여 이미 완성된 문을 떼고 들여놓아야만 하는 큰 문제가 발생했다.
이 가마는 장작을 때서 가마 전체를 뜨겁게 하고, 그 여열로 빵을 굽는다. 열량이 크기 때문에 공방과 매장도 이 가마의 여열로 난방을 하며 겨울에는 영하 15도 이하로 내려가는 맛카리무라에서도 추위를 모르고 쾌적하게 일할 수가 있다.

기백이 넘치는 미치즈카 씨와 Y건축시공사 직인들이 일하는 모습을 보면 오히려 이쪽이 자극을 받아 정신을 바짝 차리게 돼요.

그런데 지난번에 맛카리무라에 갔을 때 혼자 현장을 돌아다니면서, 단계적으로 진화해간 기본 설계안을 스케치북을 한 장 한 장 넘기듯이 하나하나 떠올려봤어요. 그리고 도쿄로 돌아와 기본 설계가 변화해간 과정을 다시 한 번 도면으로 확인해보고, "아, 결국 그 한마디가 최종적으로 설계를 결정짓게 했고, 이 건물의 등줄기를 곧게 뻗게 했다!"고 무릎을 탁 쳤어요. 그 한마디는 여러 계획안을 거쳐 기본 설계가 거의 끝나가던 작년 11월 초에 잡지 〈스무〉의 취재를 겸해 맛카리무라에 갔을 때 도모노리 씨가 "빵 가마가 있는 방과 매장을 포함한 공방을 벽이나 미닫이문으로만 분리하는 것이 아니라, 중간에 통로를 겸한 완충 지대와 같은 것이 있으면 좋겠어요……" 라고 한 말이었죠. 그 한마디를 실마리로 설계안을 재검토하고 크게 수정해서 지금 그야말로 완성을 목전에 두고 있는 최종안에 이르게 된 거죠. 그때 도모노리 씨는 "미닫이문 하나로 빵 가마 방과 공방을 왔다갔다 하면 기분이 전환되지 않기 때문에……"라고도 말했는데, 완성되기 직전의 건물 안을 걸어보니 완전히 그 말 그대로네요. 십자가가 있는 빵 가마가 설치되는 방(예배당)에 들어가기 전에 호흡을 가다듬고 앉음새를 바로하기 위해서도 이 통로가 반드시 필요하다는 생각이 들며, 건물을 관통하는 동선으로서도, 여름에는 바람이 통하는 길로서도 없어서는 안 되는 공간이라는 생각이 들어요. 그 한마디로 진 도모노리 씨는 의뢰인이면서 동시에 공동 설계자로서 저와 어깨를 나란히 할 수가 있게 되었어요.

감상적인 이야기는 여기까지 하고 지금부터는 현실적인 이야기로 들어가죠. 이번 달 말(8월 26일→29일)에 떼 지어 그곳에 몰려가서 일할 예정인 작업반(=지원부대) 파견에 대해 대략적인 일정을 알려드릴게요. 우선 몇 명이 가냐면 저와 신카이 외에 가구 전문가 오쿠다 다다히코, 레밍하우스의 직원 전원(10명), 기타가마쿠라에서 야마모토 부부, 삿포로의 히라즈카, 그리고 카메라맨 아마미야 부부, 이렇게 해서 총 18명이에요.

그곳에 가서 '외벽 도장 공사'와 '내부 미장 공사' 그리고 '고타로 트리하우스 공사'를 할 계획이에요. 작업별로 세 반으로 나누려고 하는데, 도중에 맡은 일이 바뀔 수도 있어요. 처음부터 확실하게 할 일을 정하지 않고 모두가 일하는 모양을 보면서 임기응변으로 일을 맡기려고 해요.

도모노리 씨에게는 미장일과 식사 담당(주방장)을, 마리 씨에게는 도장 공사와 식사 보조 담당을(식사 준비는 요리를 좋아하는 직원들이 도와줄 터이니 걱정하지 마세요), 고타로에게는 트리하우스 공사 보조(필요한 도구를 건네주는 일 등)를 부탁드릴게요.

아마 떼 지어 몰려가서 일하는 나흘 동안 현장은 일종의 전투 상태처럼 될 것 같은데, 작업에 몰두한 나머지 틀비계에서 떨어지거나 칼에 베이거나 과로나 열사병으로 쓰러지지 않도록 긴장을 늦추지 않고 일할 생각이에요.

사실 요즘 사무실 점심시간과 쉬는 시간에는 온통 맛카리무라에 가서 일하는 얘기뿐이에요. 며칠 전에는 규조토를 바르는 미장일은 쉽지 않을 거라며, 7명의 직원이 미장이 아저씨에게 하루 제자로 들어가 흙손을 쓰는 법을 배우고 왔죠. 이와 같이 직원 전원(솜씨는 어찌 되었든)이 의욕과 자신감이 넘쳐흐르고 있으며 현장에 투입되는 날을 손꼽아 기다리고 있어요.

끝으로 숙박은 마을에서 운영하는 맛카리무라 온천 여관을 2동 빌려서 합숙하려고 하니, 번거로우시겠지만 예약 좀 부탁드릴게요. 26일 점심 때 좀 지나 도착해 오후부터 드디어 전투를 개시할 겁니다.

작업하는 나흘 동안 날씨가 좋아 예정하는 일이 무사히 끝날 수 있기를.

나카무라 요시후미

추신

레밍하우스에서 목수 도구, 전기 공구, 미장 도구, 작업복, 이외에 이번 공사에 필요한 것은 모두 작업 2일 전(24일 도착)에 택배로 보내요. 짐이 너무 크다고 소스라치지 마세요.

- 8월 26일 → 29일 나카무라의 사무실(레밍하우스)의 직원들 총 18명(통칭 지원부대)이 현장에 집결하여, 3박 4일 동안 내부 미장 공사, 외벽 도장 공사, 고타로의 트리하우스 공사를 했다. "공사비를 조금이라도 줄이기 위해 우리가 할 수 있는 일은 직접 하자"는 것이 표면적인 이유였지만, 평소에는 책상 업무가 대부분인 설계 직원들로 하여금 공사 현장에서 직인들과 함께 손과 몸을 사용하여 땀범벅이 되어 일하는 노고와 뭔가를 해냈다는 만족감을 경험하게 하고 싶은 것이 나카무라 요시후미의 의도였다.

- 9월 3일 기다리고 기다렸던 장작가마와 부속품 일체가 도착했다. 19개월 전부터 몇 번이나 편지와 팩스를 주고받으면서 주문한, 꿈속에서도 그렸던 커다란 장작가마. 뛸 듯이 기뻐하며 짐짝을 열어보니 가마의 중심 부분이 조립된 상태로 보내진 바람에 문을 통과하지 못해 진 도모노리 씨가 의기소침해졌다. 현장 감독과 직인들이 머리를 굴려 문 주변을 부수고 들여놓게 된다.

지원부대가 일하는 모습을 보고 느낀 점,
그리고 프랑스에서 빵 가마가 도착했을 때 발생한 문제에 대하여

역시 나카무라 선생님의
'무서운 레밍하우스 군단!'이었습니다

2010년 9월 3일
나카무라 요시후미 선생님에게

   지난주에는 모두들 정말 고생 많이 하셨어요.
   집짓기의 추억으로서 두고두고 남을, 뜨거운 열기로 가득 찼던 나흘간이었지요.
   나카무라 선생님에게 "레밍하우스의 직원과 친구들이 맛카리무라에 공사를 도와주러 가고 싶다고 하네요"라는 말을 들었을 때, 저는 틀림없이 웃고 즐기면서 외벽에 칠 좀 하다가 대충 일을 끝내고 온천에 가거나 관광을 하겠지, 라고 생각했어요. 그런데 막상 공사가 시작되고 보니 바로 그런 분위기가 아니라는 것을 느꼈습니다.

아침 8시부터 해가 저물 때까지 점심시간에만 잠깐 쉬고 오로지 일만 하더군요. 게다가 나흘 동안 변함없이 그렇게 철저하게 일에 몰두하는 모습을 보니 저의 상상을 넘어선, 모두의 타고난 건축가 근성이 놀랍기도 하고 감탄이 절로 나오더군요. 우리도 그 열정적인 모습에 이끌리고, 거기에 보답하기 위해 20인분의 식사를 부족하나마 계속 준비해낼 수 있었던 것 같아요.

무슨 수를 쓰더라도 맛있는 식사와 충분한 술을 준비해두지 않으면 폭동이라도 일어나지 않을까 싶더군요. 폭동은 물론 농담이지만 시원찮은 요리가 나가면 여기저기서 불만의 소리가 빗발칠 것 같은 느낌이 들었어요.

모두가 "맛있다"는 소리를 연발하며 식사를 해준 덕에 다음날 힘을 얻어 또 식사를 준비하고, 그러는 사이에 작업이 완벽하게 끝나고, 인사를 나누기가 바쁘게 바로 도쿄로 휑하니 돌아가버리고 나니, 지금도 저의 머릿속에는 '무서운 레밍하우스 군단!'이란 표현이 맴돌고 있어요. 학창 시절의 동아리 합숙 훈련 때처럼 모두가 무아지경으로 일에 매달렸기 때문에 그렇게 상쾌하고 친밀한 기분으로 지낼 수 있었지 않았나 하는 생각이 들어요.

아, 그리고 완성된 트리하우스! 고타로는 쌍안경, 장난감 대포 등을 벌써 기지로 옮겨놓았더군요. 저도 책과 맥주를 갖다놓고 기분 좋은 휴일의 한때를 보내고 있고요.

보고가 늦어졌는데, 프랑스에서 컨테이너로 장작가마와 부속품 일체가 도착했어요. 미치즈카 씨와 상의를 한 끝에 바로 설치 작업에 들어갔죠. 그런데 생각지 못한 문제가 발생했어요. 장작을 때는 부분이 완전히 조립된 상태(400킬로그램이나 되는)로 도착해 너무 커서 문을 통과하지 못하는 거예요.

어찌 할 줄 몰라 발만 동동 구르는 저를 힐끗 보고는 미치즈카 씨와 도편수는 "일단 문을 부수고 들여넣자!" 하고 주저 없이 담담하게 작업을 하더니, 결국 네 명이 달려들어 간신히 안으로 들여놓았어요.

거 참 이래서야…… 정말 앞날이 걱정되더군요. 제가 담당했기에 모든 게 제 책임인데…….

이래서 거의 다 완성되었던 공간이 다시 공사 현장이 되고 말았습니다. 완성하는 데 적어도 3주는 걸릴 것 같네요.

그리고 가마 앞에 벽으로서 쌓아놓을 벽돌을 슬슬 준비하려고 해요. 어떤 종류의 벽돌이 좋을까요.

도쿄는 아직도 무더운 날씨가 이어지고 있는 것 같네요. 여기는 벌써 아침저녁에는 차가운 바람이 불어 가을이 느껴지고 있어요.

다음에는 가마가 완전히 설치되는 날쯤에 뵐 수 있는 건가요.

단풍이 아름다운 계절, 가을의 음식을 준비해놓고 기다리고 있을게요.

진 도모노리

맛카리무리에서 고된 나흘간의 작업을 끝내고
도쿄로 돌아온 나카무라의 답례 편지

직원들은 맛카리무라에서의
성취감에 우쭐대고 있답니다

2010년 9월 6일

진 도모노리 씨와 마리 씨에게

작업하는 나흘 동안 내내 감사했어요.

즐겁고 덥고 뜨겁고 진하고 맛있고 떠들썩하고 보람 있는 육체노동에 푹 빠져 있던 나날이었네요. 하루 세 번의 식사를 정성스럽게 준비해주셔서 정말 감사했고요. 숙박도 여러 가지로 신경써주셔서 고마웠어요.

우리 일행이 삿포로로 떠나갈 때, 저희 차를 배웅하면서 도모노리 씨 부부가 "아이고 죽겠다" 하며 한숨을 내쉬는 소리가 귀에 들려오는 듯했어요. 정말 고생 많이 하셨어요.

우리는 그 뒤 삿포로에서 성대하게 뒤풀이를 하고(사이토 부부도 참석했네요), 그것으로도 부족해서 노래방으로 몰려가서 떠들썩하게 놀았죠. 덕분에 오늘 아침은 거의 전원이 숙취에 근육통에 목이 다 쉬었습니다. 비행기에 탈 때는 모두 흐느적거려 마치 환자들의 집단 같았지요.

도쿄는 오늘도 폭염이 기승을 부리고 있네요. 사흘 정도 더 맛카리무라에 있으면서 고타로의 트리하우스를 완전하게 마무리를 짓고 싶었는데, 그 점이 아쉽습니다.

직원들은 "자신들이 할 일을 계획대로 완벽하게 끝냈다"며 의기양양하게 성취감에 우쭐대고 있어요.

오늘은 간단하게 이렇게 인사말만 드리고 마칠게요.

나카무라 요시후미

추신

1. 가마 앞에 사용할 벽돌은 역시 진한 베이지 색조로 풍미도 있고 따뜻한 내화벽돌로 하고 싶습니다. 좀 비싸지만 중요한 곳이니 큰 맘 먹고 돈을 좀 쓰죠.
2. 트리하우스를 되도록 빨리 마무리 짓고 싶습니다. 외벽의 재료 등을 그대로 현장에 놔두세요. 맛카리무라에 가는 날이 결정되면 다시 연락드릴게요.

- 9월 14일 → 15일 나카무라, 신카이가 가마의 설치 상태를 보기 위해, 그리고 트리 하우스를 완성시키기 위해 맛카리무라로 갔다. 가마 앞에 쌓는 벽돌은 내화벽돌로 결정했다.

완성이 눈앞에. 주차장과 입구로 이어지는 통로를 완성하고
간판을 빨리 정하고 싶다는 등 초조한 심정을 담아 보낸다

따끈따끈한 요리를 식탁에 올려놓기 전에 느끼는 흥분과 긴장이 감돕니다

2010년 10월 12일
나카무라 요시후미 선생님에게

드디어 공사도 최종 단계에 접어들었고, 프랑스에서 컨테이너로 보내준 장작가마도 거의 설치가 끝나고 이제부터 가마 앞쪽에 벽돌 벽을 쌓아올리고 있어요.

이번에 도착한 내화벽돌은 이전 가마에서 쓰던 것보다 오렌지색이나 빨간빛이 좀 강한 듯하네요. 색깔이 얼룩져 보이고요. 사진으로 찍어보낼 테니 괜찮은지 봐주세요.

그리고 이삿날을 11월 17일부터 5일 동안으로 정해놓았는데 아직 결정되지 않은 건물 외부의 모양이나 간판 설치에 대해 의논

좀 드리고 싶어요. 간판은 지금 쓰고 있는 것을 떼어서 그대로 사용하려고 하는데, 어떻게 달면 좋을지 생각 중이에요. 손님들이 쉽게 볼 수 있고, 겨울에는 제설 작업에 방해가 되지 않는 곳이 제일 좋겠죠. 그리고 주차장에는 자갈을 까는 것이 돈이 적게 들겠지만, 왠지 허전한 느낌이 드네요. 예산 관계상 돈을 많이 들일 수는 없겠지만 좋은 아이디어가 없을까요? 이런 자잘한 일까지 의논 드려 죄송하지만 시간이 얼마 남지 않아 어쨌든 선생님 의견을 조금이나마 듣고 싶어요.

현장은 막바지 작업이 이어지고 있습니다.

나카무라 요시후미 셰프의 지휘 아래 소스가 완성되고, 전채가 준비되고, 고기도 구워지고 이제 접시에 담으라는 지시를 기다리기만 할 뿐이죠. 따끈따끈한 요리를 식탁에 올려놓기 전 가장 흥분과 긴장이 고조되어 있을 때죠. 이전에 요리사였던 저는 지금의 현장 분위기가 이런 뜨거운 열기와 비슷하다는 느낌을 받았어요.

이제 완성까지 얼마 안 남았네요.

진 도모노리

추신

새로운 가마에 사용할 '빵 스쿠프'의 제작을 오쿠다 씨에게 의뢰했어요. 열에 강한 호두나무로 만들기로 했고 길이는 3미터를 넘을 것 같네요. 지난번에는 빵 가마 방의 사다리에 쓸 블랙월넛을 찾으러 아사히카와(홋카이도에 있는 도시 - 옮긴이)까지 갔다왔더군요. 가구를 만들 때 일체 타협이 없는 오쿠다 씨의 모습을 보면 저도 모르게 자세를 바로 하게 돼요.

- **10월 중순 → 10월 말** 가마 앞에 나무로 만든 빵 스쿠프를 걸쳐놓기 위한 가로대를 설치하기로 했는데, 이전부터 이 가로대에 뭔가 잠언적인 말을 새겨두자는 말이 있었다. 이 말과 글씨체에 대해서 신카이와 신카이의 친구인 디자이너와 나카무라가 갑론을박이 이어졌다.

가마 앞에 쌓을 내화벽돌을 흰색으로 칠하고
빵 스쿠프를 걸어두는 가로대에 새겨놓을 말을 제안한다

일단 가마에 넣으면
가마의 뜻에 맡길 수밖에 없으니,
'케 세라 세라'를 새기면 어떨까요

2010년 11월 1일
진 도모노리 씨에게

안녕하세요.

빵 가마가 드디어 설치되었네요! 프랑스에서 일부가 조립된 상태로 와서 문을 통과할 수 없다는 편지를 읽었을 때는 눈앞이 캄캄했는데, 그 일도 지금 생각해보면 아주 먼 옛날 일처럼 여겨지네요.

오늘은 몇 가지 구체적인 문제에 대해 쓸게요.

우선 내화벽돌의 색에 대해서 말하자면, 보내준 사진을 보니 도모노리 씨의 말처럼 빨간빛과 얼룩이 두드러지게 나타나네요. 그렇다면 아예 과감하게 하얀 색으로 칠하는 편이 좋겠어요. 어쨌든 최종

*1 알바 알토(1897~1976년)는 북유럽 핀란드의 국민적인 건축가이자 가구 디자이너다. 완만한 곡선을 그리는 벽돌 벽면과 목재를 즐겨 사용하고, 평온한 정감을 띠는 유기체적인 건축이 특징이다. 유럽에서도 변경에 속하는 나라에서 활동했음에도 불구하고 지금도 세계적으로 많은 팬들을 갖고 있다. 대표적인 작품으로는 〈파이미오 요양소〉〈마이레아 주택〉 등이 있다. 핀란드 산의 원목 가구나 이런 가구에 잘 어울리는 조명기구, 유리그릇 등도 디자인하였고, 이것들은 지금도 생산되고 있다.

*2 폴 키에르홀름(1929~1980년)은 뛰어난 재능과 갈고 닦인 센스로 젊었을 때부터 수없이 많은 명작을 세상에 내놓은 북유럽 굴지의 가구 디자이너다. 아내 한나 키에르홀름이 설계한 자택은 덴마크의 코펜하겐 교외에 있다. 이 주택에는 요소요소에 하얗게 칠해진 벽돌이 사용되었다. 1998년 이곳을 방문한 나카무라 요시후미는 하얗게 칠한 벽돌이 지닌 금욕적이면서 어딘지 모르게 체온의 따뜻함이 느껴지는 분위기에 강하게 매혹되었다.

적으로는 현장을 보고 나서 결정하고 싶어요. 다만 하얗게 칠해진 벽돌 벽은 북유럽적인 느낌이 나기 때문에(알바 알토*1의 아틀리에나 폴 키에르홀름*2의 자택 사진을 참조해주세요) 꽤 잘 어울릴 거예요. 순간적으로 "어차피 칠할 거였다면 그냥 평범한 싼 벽돌로 하면 좋았잖아요!"라는 도모노리 씨의 불만이 들려오는 듯하네요. 제가 내화벽돌의 색깔을 제대로 파악 못한 상태에서 안이하게 선택한 탓이지만, 그렇다고 그대로 둘 수는 없는 노릇이니(제멋대로인 건축가라는 생각이 들겠지만) 과감하게 칠을 하는 편이 좋겠어요.

간판은 저도 철판을 오려서 만든 지금 간판을 계속 사용하는 것이 좋겠다고 생각했어요. 제설 작업에 방해가 되지 않는, 매장을 마주 보고 오른쪽 위치에, 차로 온 손님들도 쉽게 볼 수 있도록 도로 가까운 곳에 세우는 편이 좋겠네요. 기존 창고에 쓰였던 들보가 남아 있으니 그것을 기둥으로 하면 좋지 않을까 싶은데, 너무 두꺼워서 균

형이 맞지 않을 수도 있어요. 이것도 최종적으로는 현장에 가서 결정을 하고 싶어요.

주차장 문제는 사실 저도 골머리를 앓고 있어요.

처음에는 침목을 깔 생각이었는데 면적이 넓어서 비용이 꽤 들더군요. 오쿠다 씨에게 부탁해서 만들 예정인 빵 가마용의 긴 나무 스쿠프를 비롯해서 하이스툴이나 사다리 등 앞으로도 돈이 들어갈 곳이 적지 않기에 최소한의 비용을 들이고 싶네요. 그렇다고 해서 자갈을 깔기는 싫은데, 하고 생각하고 있던 참에 지난번 니세코의 펜션에서 잤을 때 그곳 주차장에 나무 부스러기를 깔아놓은 걸 봤어요. 걸어보니 푹신해서 느낌이 좋더군요. 곧바로 주인에게 물어보았더니 근처 삼림조합에서 만들어 파는데 가격도 그리 비싸지 않았어요. 그래서 다음에 도모노리 씨가 직접 보고 마음에 들면 그 나무 부스러기를 깔면 좋지 않을까 싶어요.

그리고 가마의 정면에 다는 빵 스쿠프를 걸어놓는 가로대에 새겨놓을 문구가 문젠데, 보통 이런 곳에는 이른바 잠언이나 격언을 새겨두지만(아무리 그렇더라도 '사람은 빵만으로는 살 수가 없다'와 같은 글을 새겨넣을 수는 없겠지요), 아무래도 이런 표현은 어색한 느낌이드네요. 그래서 일단 빵을 가마에 넣으면 이제 가마의 뜻에 맡길 수밖에 없는 것이기에 아예 '케 세라 세라(Que Sera Sera)'로 하면 어떨까 싶은데요…….

자, 드디어 골인 지점이 보이네요. 마지막 순간까지 최선을 다합시다.

17일 '첫 불 기념식'을 지금부터 목이 빠지게 기다리고 있습니다.

나카무라 요시후미

- 11월 7일 10일 후에 있을 '첫 불 기념식'을 대비해서 초대할 사람들에게 연락하고, 숙박 장소와 치토세 공항에서 맛카리무라로 오는 교통 수단 등을 준비했다. 동시에 나카무라 요시후미는 장작가마에서 처음으로 빵이 구워져 나왔을 때 출석자 모두가 부르기 위한 노래를 고르고 작사를 시작했다.

(왼쪽 페이지) 상단 왼쪽 류트 연주에 귀를 기울이는 초대 손님들. 증기가 자욱하게 끼어서 안개 속의 공연 같다.

상단 오른쪽 새 가마의 불 상태를 살펴보는 진 도모노리 씨.

하단 가마에서 빵을 꺼낸 뒤에 시작될 저녁모임 자리. 촛불을 켜놓으니 마치 크리스마스 만찬회와 같은 분위기다.

(오른쪽 페이지) 11월 17일. 첫 불 기념식 당일, 빵이 구워지기를 기다리는 사이에 장작가마 앞에서 츠노다 다카시의 류트 공연이 열렸다.

커다란 빵 스쿠프를 능숙하게 사용해서, 구워진 빵을 가마에서 잇따라 꺼내는 진 도모노리 씨. 고소한 빵 냄새가 실내에 가득찬다.

(왼쪽 페이지) 상단 오른쪽 아침 일찍 굽는, 올리브오일을 넣어서 만든 빵 치아바타. 가마의 최고온에서 굽는 이 빵이 구워지는 시간이나 구워진 색깔을 보면 그날의 가마 상태를 파악할 수 있다.

하단 빵 스쿠프에 꽉 찬 크기의 루스티크. 황금색으로 굽기 때문에 완전히 구워지기 직전까지 가마의 뚜껑을 열지 않는다.
"이제 다 구워졌을까" 하는 상상력과 후각, 시각을 집중시키는 가마 작업은 매일 아침 시작되는 진검승부다. '좋은 표정'으로 구워졌을 때는 휴 하며 가슴을 쓸어내린다.

(오른쪽 페이지) 가마의 온도가 서서히 내려가고, 그날의 마지막에 구워지는 빵이 식빵이다. 정오 가까이에 높이 솟아오른 태양 빛이 천장의 창문을 통해 들어오는 시간. 이른 아침부터 정신없이 시작하는 빵 굽기 작업도 이제 마무리 단계에 접어들고, 조용하고 뿌듯한 마음으로 하루의 작업을 마무리 짓는다.

가게에 진열되는 빵은 개장 초기부터 거의 변함없이 15종류 가량이다.

(왼쪽 페이지)

상단 왼쪽 건포도, 크랜베리, 살구, 오렌지, 호두, 아몬드 등 말린 과일을 듬뿍 넣은 빵.

상단 가운데 맛카리무라에서 여름에 채취한 참피나무의 벌꿀을 사용한 벌꿀 빵. 구워진 뒤에도 참피나무의 향기를 강하게 느낄 수 있다.

상단 오른쪽 계절 한정의 호밀빵, 커런트를 듬뿍 넣어서.

중단 오른쪽 1.2킬로그램으로 크게 사각으로 구운 루스티크. 그다지 기교를 부리지 않고 만들기 때문에 자연스럽고 소박한 맛이 난다.

하단 왼쪽 깜빠뉴(시골 빵). '손님들에게 권하는 빵은?'이라고 물으면 이 빵을 소개한다. 장작가마로 맛있게 굽기에 딱 좋은 빵.

하단 오른쪽 무화과호두 빵은 갈아 넣은 호두의 향기와 톡톡 씹히는 무화과의 감촉을 즐길 수가 있다.

(오른쪽 페이지)

상단 왼쪽 초콜릿칩을 넣은 부드러운 버터 빵

상단 오른쪽 에멘탈 치즈를 듬뿍 갈아넣어 만든 치즈 빵.

중단 왼쪽 가마의 뜨거운 열로 바삭하게 굽는 크루아상.

중단 오른쪽 파리에서 빵을 배웠던 가게의 특제품이기도 한 알자스의 전통과자 구겔후프.

하단 왼쪽 파스타에 자주 사용하는 세몰리나 가루를 사용한 빵. 빵 속이 어렴풋이 노랗고, 비틀어진 모양이 자연스런 표정.

하단 오른쪽 계절에 따라 안에 넣는 크림이 바뀌는 빵. 가을에는 마롱 크림을 넣은 밤 롤.

(왼쪽 페이지) 가게의 내부. 이전의 가게보다 한결 넓어졌지만 가게의 분위기는 그다지 변함이 없다. 가마 상부의 따뜻한 공기를 마루 밑으로 끌어와서 바닥 난방을 했다.

(오른쪽 페이지) 건물이 완성되고 개장한 가게의 입구 주변 모습

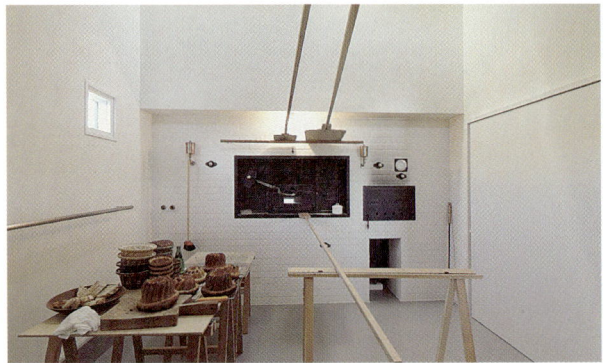

(왼쪽 페이지) 상단_가게의 쇼윈도. 장사를 할 때는 여기에 빵을 장식한다.
하단 왼쪽_진 도모노리 씨의 제안으로 실현된 파사주(중앙통로). 계단을 올라가면 휴게실 겸 손님용 침실이 있다.
하단 오른쪽_하얗게 칠해진 가마 방은 밝고 청결한 분위기가 감돈다.

(오른쪽 페이지) 공기가 매섭게 차가워지는 늦가을의 해질 무렵. 실내의 오렌지 빛깔의 전등이 따뜻하고 정겹게 느껴진다.

간판을 비추는 외등의 기둥은 철거한 창고의 들보로 만들었다. 철판을 오려 만든 간판도 이전의 가게에서 사용했던 것.

그토록 바라던 빵 가마를 무사히 설치할 수 있었다는 보고와
'첫 불 기념식'에 대하여

빵굽는 사람에게 잊을 수 없는 기억은
새로운 빵 가마로 첫 빵을 구울 때죠

2010년 11월 12일
나카무라 요시후미 선생님에게

안녕하세요.

맛카리무라에는 눈발이 날리기 시작했어요. 이 눈 때문에 외부 공사가 좀처럼 진행되지 않아 공사가 완료되기까지 좀 더 시간이 걸릴 것 같네요. 맑은 날이 조금이라도 이어지면 좋겠는데…….

여러 가지 문제가 있었던 빵 가마도 무사히 설치했어요. 현장감독인 미치즈카 씨, 목수 아저씨, 미장이 아저씨 등 모든 분들이 애를 써주셔서 크고 육중하고 튼튼한 빵 굽는 가마가 완성되었네요.

오래전에 읽은, 빵에 대해 쓴 책에는 "중세 프랑스에서는 빵 가마

의 중앙 부분(빵을 굽는 곳)을 '제단'이라고 불렀다"고 적혀 있었어요. 나카무라 선생님은 빵을 굽는 이 공간을 예배당이라고 하고, 천장에는 오래된 들보의 십자가가 달려 있고, 그리고 빵 가마를 '제단'이라고 하니 뭔가 암시적이라는 생각이 듭니다.

　천장의 창문을 통해 부드러운 빛이 들어와서 마음을 차분하게 가라앉혀줍니다. 저는 이곳에 들어오면 몇 번이고 천장의 오래된 들보를 바라봐요. 그러면 오래된 기억과 연결되어 이곳에 세워져 있던 파란 토탄 지붕의 창고가 떠오르기도 하고, 비록 짧은 기간이지만 이 땅에서 우리가 생활해온 빵집의 역사까지도 이 들보를 통해 되살아납니다.

　여기에 우두커니 서 있으면 나카무라 선생님이 이 예배당에 기울인 정성이 강하게 전해오는 것 같아요.

　이렇게 해서 신성한 공간이 완성되었기에 드디어 이 제단에 처음으로 불을 넣고 빵을 굽는 '첫 불 기념식'을 11월 17일 열쇠를 건네받는 날에 맞춰서 하려고 해요.

　어서 빨리 이 새로운 빵 공방과 빵 가마에서 새로운 이야기가 태어나고, 맛있는 빵이 구워지도록 해달라는 마음을 담은 십자가 모양의 빵 깜빠뉴를 이 가마의 힘으로 바삭하게 구워서 내놓고 싶어요.

　장작가마로 빵을 굽는 작업은 맛을 추구하는 점에서뿐만 아니라 정신적인 면에서도 매우 중요하다고 생각해요. 빵을 굽는 사람에게 잊을 수 없는 기억 중 하나는 새로운 빵 가마로 첫 빵을 구울 때죠. 그 시간을 모두와 함께 나누어가질 수 있다면 더 바랄 나위가 없겠네요.

　나카무라 선생님의 친구 분들을 비롯해서 레밍하우스의 직원 분들 모두가 꼭 와주시기를 바라고 있어요. 맛있는 요리와 술을 준비해서 기다리고 있을게요.

진 도모노리

- 11월 17일 '첫 불 기념식'과 '완성 기념 파티'는 성대하게 끝났다. 새로운 가마에 불을 넣고 첫 빵을 굽는 일은 진 도모노리 씨뿐만 아니라 설계자인 나카무라 요시후미에게도 감개무량한 일이었다. 설계 의뢰부터 공사 완성까지 결코 순탄하지만은 않았지만, 끝나고 보니 길었기도 하고 짧았기도 한 듯한 평생 잊을 수 없는 만족스럽고 알찬 나날이었다.

'첫 불 기념식'에 대해 느낀 점과 감사의 인사를 보내고
새로운 빵집에 대한 희망의 메시지를 전달한다

건물이 설계자의 손을 떠나, 사는 사람의 손때가 묻으면서 살기 편하게 변해가는 모습은 건축가에겐 기쁨이죠

2010년 11월 20일
진 도모노리 씨와 마리 씨에게

그저께 삿포로에서 마지막 비행기로 도쿄에 돌아왔어요.
'첫 불 기념식'을 준비하느라 고생이 많았죠?

육체적 피로뿐만 아니라 새 가마에 첫 불을 넣고 빵을 굽느라 긴장되었을 텐데 떼 지어 몰려온 수다스러운(?) 손님들을 대접하느라 신경을 많이 써서, 두 분 모두 녹초가 되었을 거예요. 게다가 쌓인 피로를 풀 틈도 없이 가마에 길을 들이느라 계속 불을 넣고 있다니 진 도모노리 씨의 새 가마에 대한 기대와 강한 열정을 새삼 느끼고 있어요.

여하튼 첫 불 기념식은 환상적이더군요. 이틀 동안 있었던 일이 어딘가 현실과 동떨어진 곳에서 체험한 일 같아서 불과 며칠 전의 일이었는데도 먼 옛날의 일이나 꿈속의 일처럼 여겨져요. 저도 공사가 시작되었을 무렵부터 새 가마에서 첫 빵을 구울 때 기념식을 열면 좋겠다고 생각했었어요. 그리고 기념식 때는 친구인 츠노다 다카시에게 가마의 벽돌 벽 앞에서 류트를 연주해달라고 부탁하자고 남몰래 생각했죠. 지금까지 몇 번이나 신축 기념식에 츠노다 다카시를 불러 참석한 손님들에게 류트 연주를 선물로 들려주었는데, 이번에도 그것을 실현할 수가 있게 되어 대만족이에요. 츠노다 다카시에게는 가마에 생지를 넣고 구워질 때까지 약 40분 정도 류트를 연주해달라고만 부탁했는데, 선택해온 곡이 한결같이 그 자리의 분위기에 딱 맞았고 게다가 연주 시간도 정확해서 새삼 감탄했어요.

연주가 끝나고 드디어 가마에서 처음 빵을 꺼내는 순간에는 그 자리에 있던 모두가 무심코 몸을 앞으로 내밀고 도모노리 씨의 손끝을 주시했습니다. 사실 저는 가마에서 빵을 꺼낼 때 참가자 전원이 부를 노래로서 '조용한 호반의'(스위스 민요 Auf der Mauer, auf der Lauer와 미국의 노래 Itsy Bitsy Spider의 영향을 받은 일본 동요로, 돌림노래로 인기가 높다-옮긴이)의 가사를 바꿔서 '가마에서 꺼내는 노래'를 작사해 왔는데, 도저히 떠들썩하게 노래를 부를 수 없는 엄숙한 분위기더군요.

어저께 게이코 씨(츠노다 다카시의 아내)가 첫 불 기념식에 대한 느낌을 적은 이메일을 보내주었어요. 거기에는 "덕분에 멋진 자리에 함께 할 수 있었어요. 이런 자리에 초청해주셔서 감사해요. 어딘지 종잡을 수 없는 분위기의 진 도모노리 씨가 그 긴 빵 스쿠프를 들자 마치 다른 사람이 된 듯, 시간과의 싸움! 이란 느낌으로 활기차고 늠름하게 일하는데 그 모습에 말 그대로 숨을 죽일 수밖에 없었고, 도저히 말을 걸거나 노래를 부를 상황이 아니었네요"라고 적혀 있었어요. 그 말에 절로 고개가 끄덕여지더군요.

가마에서 빵을 꺼낸 뒤 이어진 별실에서 열린 저녁모임도 감동적이었죠. 긴 테이블에 양초가 세팅되어 있고 불이 쭉 켜져 있는데, 오붓한 크리스마스 만찬회의 분위기가 나더군요. 샴페인, 와인, 잇따라 나오는 혀에 감기는 요리…… 원래 도모노리 씨는 프랑스 요리사였으니 어찌 보면 맛있는 것은 당연한 일이겠지만, '세련된 장식과 분위기를 보고 정말 이 부부는 못하는 게 없구나' 하며 그 자리에 모인 사람들끼리 마주보며 혀를 내둘렀지요.

감사의 인사를 드릴 생각이었는데 왠지 감상문처럼 되어 버렸네요. 정말 여러 가지로 고마웠어요.

첫 불 기념식을 무사히 마치고 첫 빵을 구웠으니 드디어 새로운 가게가 문을 열겠네요. 느닷없이 전속력으로 달리지 않고 조금씩 장작을 지피고 가마를 서서히 덥히고 나서 차츰차츰 시작하는 새 가게의 모습이 마치 증기기관차가 발차하는 모습 같아요. 슈욱 증기를 한번 내뿜고 커다란 철로 된 바퀴가 덜컹덜컹 하며 천천히 돌아가면서 무거운 차체를 이끌고 움직이기 시작하는 그 느낌. 진 도모노리 씨는 겨울 사이에 철저하게 새로운 가마와 사귀겠다고 말했지만, 눈이 녹을 무렵에는 도모노리 씨와 가마는 완전히 마음이 통하는 한 짝이 되어 이인삼각으로 질주해가겠죠.

  건물이 설계자의 손을 떠나서 그곳에서 사는 사람에 의해 길들여지고 손때가 묻으면서 살기 편하게 변해가는 모습을 보는 일은 건축가에게 다시 없는 기쁨이죠. 새로운 가게가 두 사람의 일을 충실하게 도와주고 확실하게 받쳐주기를, 그리고 진 도모노리 씨 가족과 빵을 좋아하는 손님에게 항상 사랑받기를 마음 깊이 빌겠어요.

나카무라 요시후미

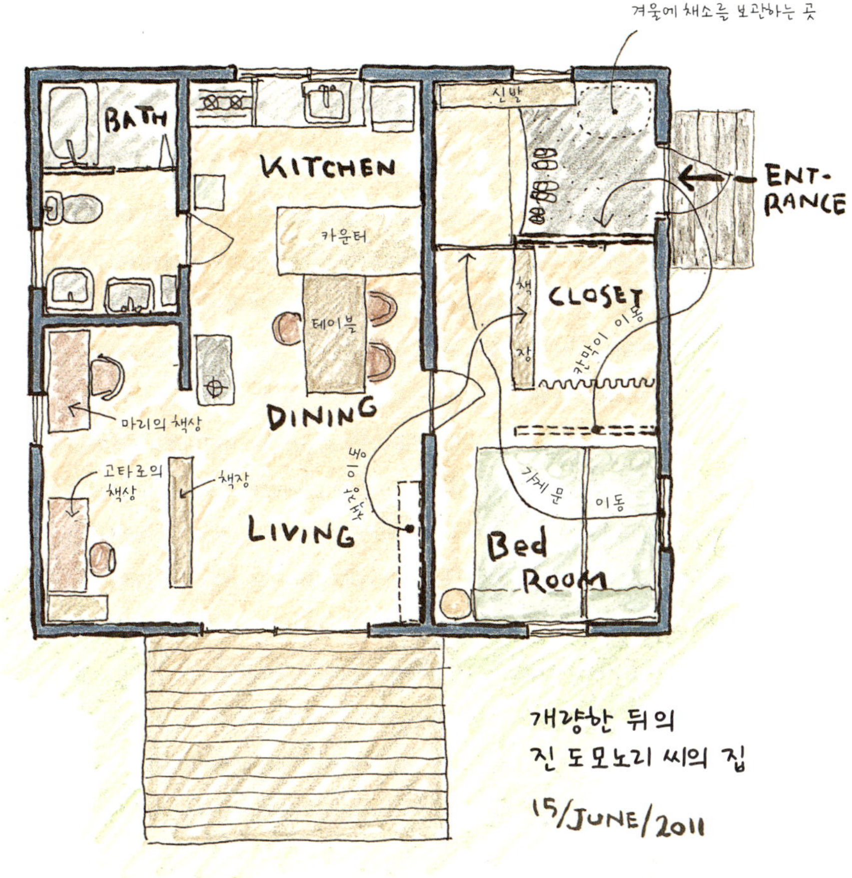

조립식 패널 주택을 개량한 집. 25쪽의 빵 공방과 가게와 함께 있던 집과 비교해보자. 이전의 빵 공방과 가게의 자리가 침실과 현관(위의 그림)이 되었다. 건구와 가구를 적절하게 재활용한 부분에 주목하자.

개량한 뒤의 집 내부. 면적이 넓어졌고 사용하기 편해졌는데, 희한하게도 분위기는 거의 변함이 없다. 실내는 변함없이 원룸 주택의 친밀한 분위기에 싸여 있다.

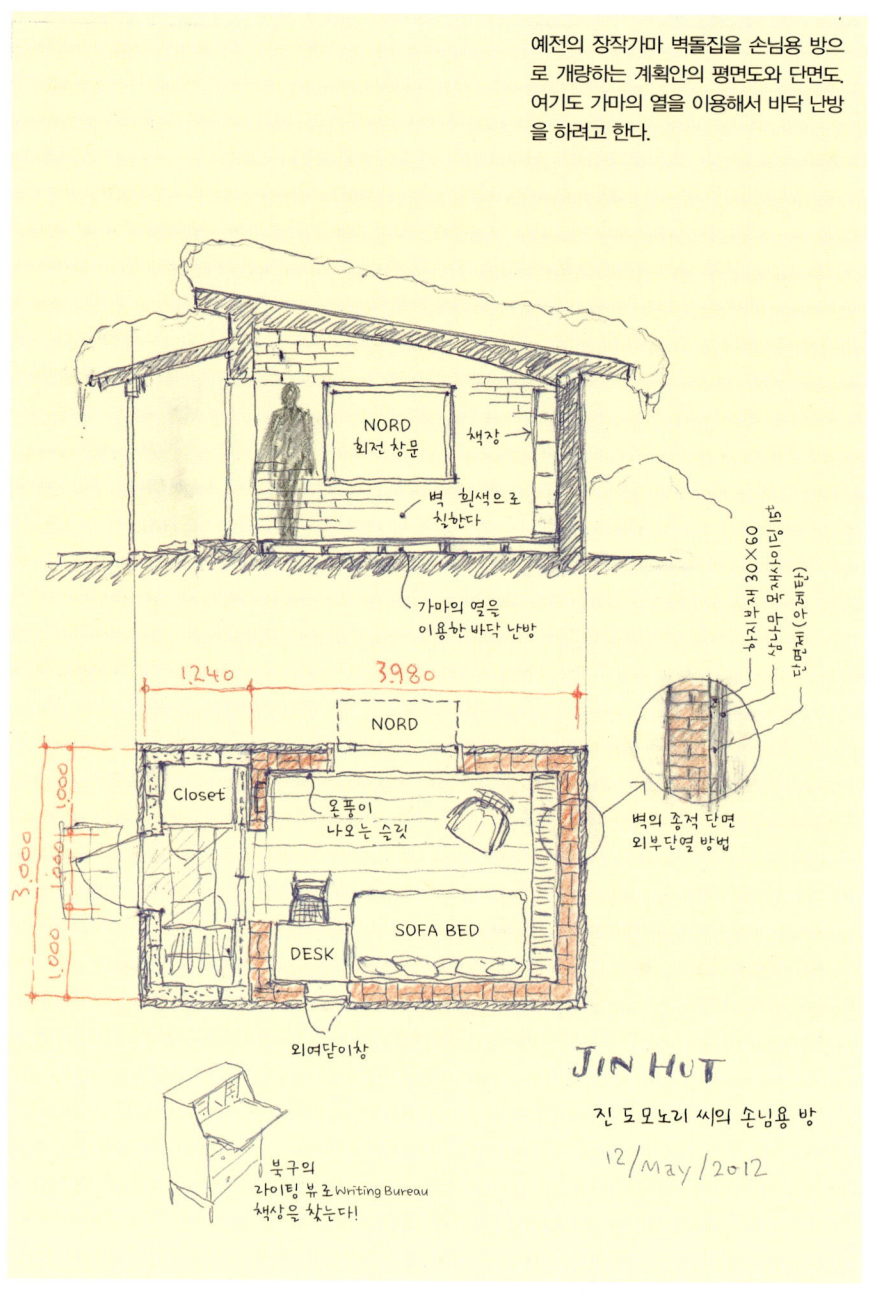

상단 예전의 장작가마 벽돌집의 겉모습.

하단 왼쪽 개량 공사를 마친 예전의 장작가마 벽돌집.

하단 오른쪽 장작가마의 개량 공사에도 신카이와 오쿠다와 나, 그리고 레밍하우스의 직원 3명이 와서 목수 일과 도장 공사를 땀 흘려 했다.

(왼쪽 페이지) 손님용 방 내부. 흰색으로 칠한 벽돌 벽. 레드파인 목재의 바닥과 천장. 3중 유리를 넣은 목재 창틀, 창문 바깥의 눈 풍경. 눈을 가리고 이곳에 데리고 와서 눈 가리개를 풀어주면, 그 사람은 '북유럽에 왔다'고 분명 착각할 것이다.

(오른쪽 페이지) 상단 눈이 덮인 트리하우스. 겨울에는 눈의 무게를 견디기 위해 버팀대를 댄다. 트리하우스의 정면에 요테이 잔 산이 보인다.

하단 눈이 쌓인 서재 겸 손님용 방.

건축 작업은 계속 이어진다 _나카무라 요시후미

처음 맛카리무라에 있는 진 도모노리 씨의 가게 겸 집을 찾아갔을 때, 무엇보다도 그가 직접 벽돌을 쌓아 만든, 장작가마가 설치된 벽돌집을 보고 매료되었다.

그것은 빵을 굽는 가마에 비와 눈을 견디는 간단한 지붕을 얹은 것과 같은 간소하기 그지없는 작은 집이었다. 전혀 꾸밈이 없는, 노골적으로 기능만 중시한 집이었다. 빵을 구울 때가 되자 진 도모노리 씨는 적당한 크기로 패놓은 장작을 가마 속에 슉 슉 던져놓고, 때때로 몸을 숙이고 가마 안의 모습을 살펴보며 불의 세기를 확인했다. 가마 안에는 한 아름이나 되는 불기둥이 올라가고 활활 소리를 내며 타올랐다. 진 도모노리 씨는 마치 증기기관차의 기관사처럼 늠름하고 거침없는 태도로 일하고 있었다.

그의 말에 의하면, 빵집을 시작한 뒤 이 가마를 혹사해왔기 때문에 여기저기에서 문제가 발생하기 시작했으며, 조심조심 상태를 봐가면서 가마를 사용해왔기 때문에 새 가마로 바꾸는 시기를 더 이상 늦출 수가 없었다고 한다. 듣고 보니 벽돌 여기저기에 균열이 가 있고 철사로 묶어두거나 버팀목으로 대어놓는 등 이쪽저쪽에 훼손되고 보수한 흔적이 보였다.

한편 바깥으로 나와서 장작가마 벽돌집을 바라보면 적당히 커서(라고 하기보다 적당히 작아서) 아담한 분위기를 풍기고 있다. 벽돌을 쌓는 법이 조잡하고 급조해서 지붕을 얹은 느낌이 있는 등 건축적으로 보면 결점투성이지만, 그런 점을 뒤로 하고 여하튼 이 작은 집에는 말로 표현할 수 없는 매력, 영어로 말하자면 something이 있다고 생각했다.

"새로 빵집을 지으면 이 작은 집은 역할이 끝나는데 그렇다고 해서 이것을 그냥 부숴버리기는 아깝네요?"라고 진 도모노리 씨에게 말하자, 그가 "그러네요. 저도 함께 일해온 파트너와 같은 이 가마와 벽돌집을 부수고 싶지 않네요. 가마 둘레에 있는 벽돌을 해체하면 방으로서 사용할 수 있고, 그 벽돌로 벽난로를 만들고 싶은데 그게 가능할까요?"라고 말했다.

이 순간에 벽돌집의 명운이 결정되었다. 두 사람이 의견이 같았기에 부수지 않고 재활용하는 방향으로 결정되었다.

처음에 나는 도서실 혹은 서재로 만들자고 제안했다.

진 도모노리 씨는 책을 좋아하니 물론 이 개량안에 찬성했다. 지금 생활하는 방이 거의 원룸이기 때문에 혼자서 조용히 지내는 시간을 바랄 수 없기 때문이다. 고타로는 활기찬 남자아이이기에 아무래도 집 안이 소란스럽게 마련이다. 일을 마쳤을 때나 쉬는 날에 혼자 조용히 책을 읽으면서 보낼 수 있는 곳이 있다면 휴식을 충분히 취할 수가 있으며, 기분적으로도 풍요로워질 수 있을 것이다. 옆에서 봐도 빵을 만드는 일은 상당한 육체노동이기 때문에 일하는 틈틈이 휴게실로 써도 좋겠다는 생각이었다.

대형 장작가마를 설치하는 빵 공방과 가게를 새로 짓는 일은 젊은 진 도모노리 씨 부부에게는 엄청나게 큰 사업이다. 자금이 넉넉히 있는 것도 아니고 은행에서 대출을 받아 건축 자금으로 쓰는 형편이니 자연히 한계가 있다. 어떻게 개량할 것인가 하는 큰 그림은 결정되었으니 우선 본 공사를 마치고 새로운 가게가 궤도에 오르면 공사를 시작하는 쪽으로 결정되었다.

커다란 장작가마를 갖춘 빵 공방과 매장 공사가 착착 진행되었고 마침내 2010년 11월에 완성되었다. 지금까지 주택의 1/3 이상을 차지하고 있던 가게와 공방이 새로운 건물로 이전했기 때문에 진 도모노리 씨는 이전부터 계획했던 대로, 텅 빈 공간을 집으로 개량하는 공사를 시작했다. 조립식 패널로 직접 집을 지은 경험이 있는 그는 매일같이 일을 하고 실행력이 좋은 사람이니만큼 팔짱을 끼고 생각하기보다는 오른손에 망치, 왼손에 톱, 귀에 연필을 꽂고 거침없이 공사를 진행해나갔다.

어느 날 오랜만에 찾아갔더니 예전의 매장 자리를 침실로 바꾸기 위해 바닥을 깔고 있었다. "열심히 일하고 계시네요"라고 말을 걸으면서 문득 그의 손을 보았더니 테라코타 타일이 깔려 있던 바닥에 마룻귀틀을 깔아놓고 그 위에 바로 마루청을 깔고 있는 것이 아닌가. 겨울에는 영하 20도까지 내려가는 한랭지에 단열재가 없는 바닥에서는 차서 견딜 수가 없다. 바로 나는 작업을 중지시키고, 지금까지 깐 바닥을 떼어내고 단열재를 넣도록 지시했다. 진 도모노리 씨는 "이걸 전부 다시 해야 된다고요?" 하며 입을 삐죽 내밀고 불만 섞인 표정을 지었다. 나는 "산전수전 다 겪은 전문 건축가가 하는 말이니 잠자코 제 말대로 하세요"라고 농담을 섞어가며 어르고 달래어 다시 공사를 하게 했다.

개량 공사를 보면서 마음에 걸렸던 점은 단지 그것밖에 없었다. 나머지는 모두 그의 독무대였다. 예전에 매장이 있던 공간은 침실이 되었고, 빵 공방 자리는 벽장과 그토록 염원하던 현관으로 변신했다(이전에는 현관이 없어서 불편했다고 한다). 이 개량 공사 때 진 도모노리 씨는 이전에 사용하던 창호나 가구를 살짝 수선해서 멋지게 재활용했다. 현실가이자 실천가라는 평판에 걸맞게 일했다. 가령 가게의 입구에서 쓰던 여닫이문은 풍제실의 미닫이문으로 바꾸어놓았고, 가게와 공방을 구분하던 벽은 해체해서 이동시켜놓고, 거실에 있던 책장은 복도와 벽장의 칸막이로 사용했다. 개량 공사가 끝나자 진 도모노리 씨의 집은 현관, 침실, 그리고 고타로의 방이 생기면서 비약적으로 집다운 집으로 탈바꿈했다.

그런데 희한하게도 개량하고 나서 엄청나게 모습이 바뀌었는데,

그 분위기는 조금도 변하지 않았다. 실내에는 이전과 조금도 다름없이 진 도모노리 씨 부부가 잘난 체하지 않고 자연스럽게 생활하는 분위기와 평온한 공기가 느껴지고, 가구나 잡화나 작은 비품들이 실내에 변화를 주고 나날의 생활에 윤기를 주는 점도 완전히 같았다.

보통 '인테리어'라는 말은 '실내'라고 번역되는데, 진 도모노리 씨의 집과 그들이 생활하는 모습을 보면 그곳에 사는 사람의 내면을 가리키는 말처럼 여겨진다.

집을 개량한 뒤 2년이 지나고 작년 초여름(2012년)에 드디어 장작 가마 벽돌집을 개량하는 일을 시작했다.

사실 나는 이상한 인연으로 그때 옆의 니세코에서 레스토랑을 짓고 있었기에, 2년 동안 빈번하게 맛카리무라의 진 도모노리 씨 집을 찾아갔다. 그곳에 가면 늘 맛있는 음식을 대접받고 자고 가게 되었기에 완전히 뻔뻔한 친척 아저씨가 되고 말았다. 이 아저씨는 아마 앞으로도 종종 신세를 지러 가리라는 예상과 아저씨의 친구들도 염치없이 몰려오리라는 불온한 움직임도 있었기 때문에 당초의 '서재 겸 도서실' 안에 더하여 '손님용 방과 오베르주'로서도 사용할 수 있게 만들기로 했다. 그리고 의논한 결과 앞으로 '오베르주 숙박비'를 선불하는 셈으로 개량 비용의 반은 아저씨(즉 나)가 부담하는 것으로 결정했다.

작은 건물이지만 공사가 여간 어렵지 않았다. 벽돌로 튼튼하게 쌓은 빵 가마를 해체하여 철거하는 일이 쉬운 일이 아니었으며, 어떡하든 사용할 수 있지 않을까 싶었던 지붕도 결국 전부 부숴버리고 전면적으로 바꾸게 되었다. 하지만 기쁘게도 빵 가마를 해체해보니, 현관 겸 풍제실로 쓰기에 적당한 넓이의 전실과 $10m^2$(3평)짜리 방보다 더 큰 안락한 방을 만들 수 있는 공간이 나왔다. 진 도모노리 씨가 쌓아놓았던 벽돌에서는 그윽한 느낌이 묻어나왔다. 해체 공사, 지붕 공사, 개구부 공사, 내부의 도장 공사를 Y건축시공사에 의뢰하고, 그 뒤 외벽에 나무를 대는 공사와 도장 공사, 내부의 책장 공사는 직접 했다. 나 외에도 사무실에서 남자 직원 1명, 여자 직원 2명, 홋카이도에 사는 친구 3명(한 명은 신카이, 또 산 사람은 오쿠다 다다히코)이 현지에 모여 2박 3일 동안 들러붙어서 완성시켰다.

완성도는? 물론 대만족! 백문이 불여일견이니 천천히 도면과 사진을 보기를 바란다(184~188쪽).

어떤 트리하우스가 좋은지를 적은 고타로의 편지

이렇게 생긴 트리하우스가 좋아요

나카무라 요시후미 선생님과 설계 작업에 대해 미팅할 때 고타로도 눈을 빤짝거리며 듣고 있다가 "나도 기지가 있으면 좋겠는데"라고 중얼거렸다. 그래서 "선생님에게 한번 부탁을 드려봐"라고 말했더니 나중에 그림을 그려서 '부탁하고 싶은 일'과 '기지에서 하고 싶은 일'을 쓴 편지를 나에게 보여주었다. 이 트리하우스 설계 의뢰 편지를 바로 나카무라 선생님에게 보내자 두말없이 승낙하며 "함께 만들자"는 엽서가 왔다. 고타로에게 나카무라 선생님은 나이가 많은 친구와 같은 관계일지도.

부탁드리고 싶은 일
1 닌자의 문
2 그네
3 사다리
4 요테이잔 산의 창

기지에서 하고 싶은 일
1 장수풍뎅이를 기른다
2 책을 읽는다
3 망원경으로 본다

진 고타로

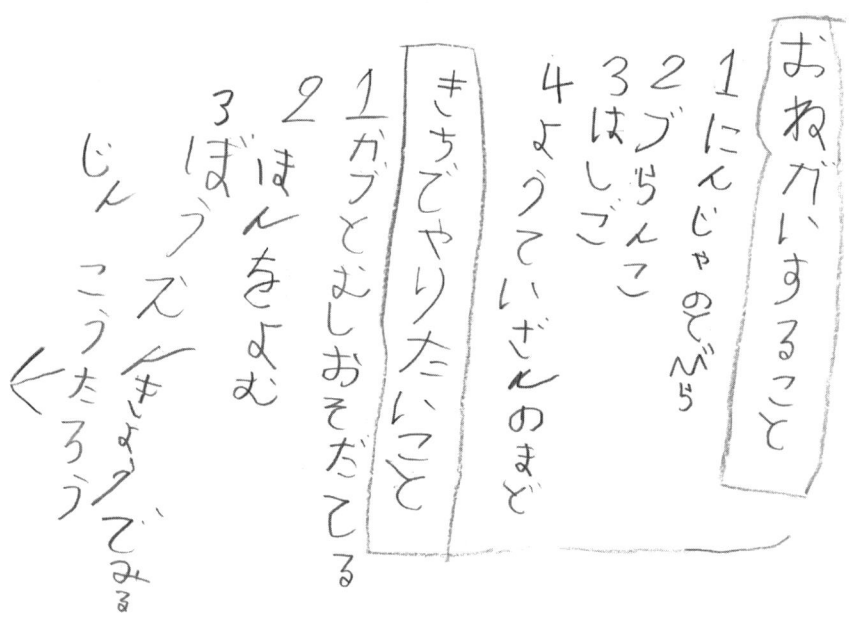

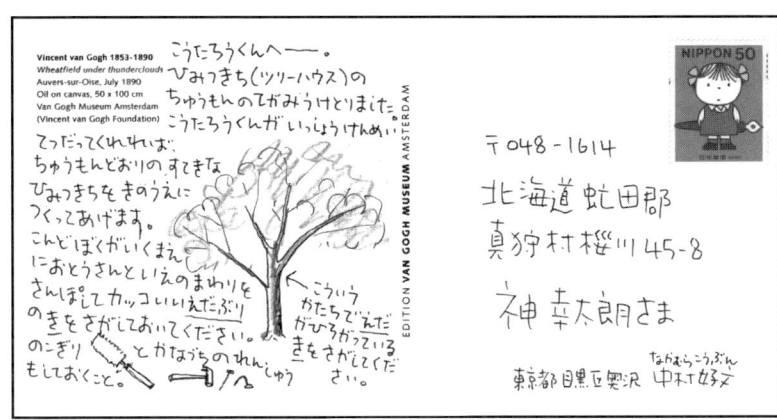

048-1614
홋카이도 아부타군 맛카리무라 사쿠라가와 45-8
진 고타로에게

고타로에게

비밀기지(트리하우스) 주문 편지 잘 받았단다.

고타로가 열심히 도와주면 주문대로 멋진 비밀기지를 나무 위에 만들어줄게.

이번에 내가 가기 전에 아빠와 집 주위를 둘러보다가 멋진 가지가 잔뜩 있는 나무를 찾아줘.

톱질과 망치질 연습을 해둘 것.

이 나무처럼 가지가 펼쳐진 나무를 찾아야 돼.

도쿄 도 메구로 구 오쿠자와 나카무라 요시후미

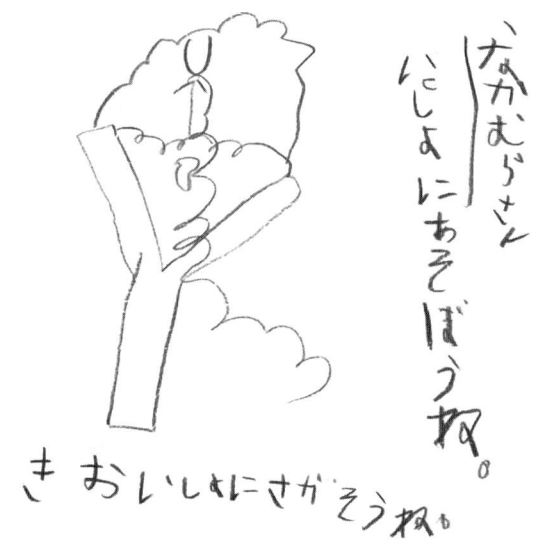

나카무라 선생님
함께 놀아요.
나무를 함께 찾아요.

나카무라 요시후미가 트리하우스로 만들려고 점찍어둔 나무는 새로운 빵 공방 옆에 나란히 있던 가문비나무였지만, "비밀기지인데 전부 보이면 어떡해. 이 나무가 좋아" 하며 고객(고타로)이 원한 나무는 마당의 제일 끝 쪽의 숲속에 있는 황벽나무. 요테이잔 산이 눈앞에 보이는 멋진 경치에 나카무라 요시후미도 흔쾌히 찬성했다. 트리하우스 공사는 여름의 지원부대 파견 작업에서도 완성하지 못하고, 2주일 뒤에 신카이, 나카무라, 진 도모노리 씨가 하루 종일 작업해서 드디어 완성했다. 완성된 트리하우스는 사다리를 타고 올라가, 닌자의 문을 열고 들어가, 창문으로 요테이잔 산을 볼 수 있어 대만족이다. 그런데 고타로는 "그네가 없잖아!" 하며 불평했다.

맺음말 _ 진 도모노리

삶을 담은 건축

나카무라 요시후미 선생님이 새로 지은 빵집으로 이사한 지 얼마 되지 않았을 때 "도모노리 씨가 빵집에서 생활하는 모습이나 새로 빵집을 짓는 과정을 책으로 내면 좋겠네요"라고 말했다. 그때 저는 "아, 그거 좋겠네요. 잘 부탁드리겠습니다"라고 태연한 척 대답했지만, 마음속으로는 "좋아! 절호의 기회야!" 하며 기쁨을 감추지 못했다. 사실 설계를 의뢰하기 훨씬 전부터 나카무라 요시후미 선생님이 쓴 책에 빠져 있었으며, 완전히 그 매력적인 글의 팬이 되었다. 처음에는 건축에 대한 관심으로 읽기 시작했는데, 문장에서 배어나오는 인품이며 젊은 나이에 일찍이 주택건축 외길로 살아가자고 결정한 것과 고집과 끈기 있는 직업 정신으로 가구 제작에도 나서는 모습 등을 보면서, 좀 과장스레 말하자면 "이 사람을 인생의 스승으로 모시고 싶다"고 생각하게 되었다.

그렇기 때문에 이번 기회야말로 나카무라 요시후미 선생님에게 많은 것을 직접 배울 절호의 기회라고 생각했다.

책 쓰기와 동시에 진행된 장작가마 벽돌집을 서재로 개량하는 공사도 여름(2012년)에 무사하게 마치고, 새로운 빵집에서 세 번째 겨울을 맞이했다.

처음에 길들이기 위해 빵을 계속 구워온 덕에 이제 빵 가마와도 완전히 마음이 통하는 사이가 되었다. 단풍나무, 졸참나무, 자작나무를 바짝 말려 만든 장작으로 가마를 따뜻하게 데우면, 그때부터는 시간과의 승부다! 커다란 빵 깜빠뉴는 불길이 평온하게 닿는 가마의 가장 깊은 곳에 넣어야 하고, 크루아상은 밑불이 강하지 않은 곳에 넣어야 하며, 구겔호프는 온도가 내려가기 시작한 순간 가마에 넣어야 하고……. 이처럼 매일 가마와 호흡을 맞춰가면서 열심히 빵을 굽고 있다.

빵집 일은 무거운 밀가루 포대나 빵의 생지를 들어올리고, 커다란 빵 스쿠프를 양손에 쥐고 땀범벅이 된 채 빵을 꺼내야 하는 등 상당한 육체 노동이 요구된다. 매일 고된 작업을 되풀이하면서 항상 신선한 마음으로 일을 하기 위해서는 건강한 몸과 충분한 체력이 필요하다.

손님이 몰려오는 여름이나 가을에 일을 끝마친 뒤에 보면 이전의 공방에서 일할 때보다 체력 소모가 덜하다는 사실을 깨닫는다. 공방에서 매장으로 빵을 나르기가 쉬워졌고, 빵을 굽는 곳이 바람이 잘

통하여 그다지 덥지 않으며, 천장이 높아 뜨거운 열이 차지 않고, 천장의 창문에서 비추는 빛이 틈틈이 마음을 쉬게 해주는 등 건물이 남모르게 함께 일해주었기 때문이다.

게다가 손님을 직접 상대하는 아내는 손님들이 가게를 둘러보고 "분위기가 매우 좋네요. 이 집……" 하며 중얼거리는 소리를 여러 번 들었다고 한다. 이런 말을 들을 때마다 절로 입가에 웃음이 번진다.

나는 낮에는 빵 가마 위의 다락방에서 15분 정도 낮잠을 잔다. 저녁에 일을 마치면 장작가마 벽돌집을 개량한 서재에서 혼자 맥주를 마시면서 음악을 듣는다. 쉬는 날에는 아이와 함께 트리하우스에 올라가서 함께 책을 읽거나 그 아래에서 야구공을 던지며 논다. 나카무라 요시후미 선생님은 우리 가족을 위해 안락하게 쉴 수 있는 곳을 여기저기에 만들어주셨다. 최근에는 안락함에 '집착'하는 나카무라 요시후미 선생님에게 이런 이메일이 왔다.

"벽돌집을 개량한 서재에 야콥센의 가죽으로 된 계란의자를 놓아두면 어떨까요. 디자인, 품격, 분위기가 서재에 안성맞춤! 게다가 책을 읽기에도 딱 좋은 의자라서 도모노리 씨의 승낙을 기다리지 않고 주문해 두었어요. 이번 책 출판 기념 선물이에요."

옮긴이 황선종

한국외국어대학교 사학과, 일본 다이토분카대학 일본어과를 졸업하였고, 동대학원 일본어학 석사과정을 수료하였다. 현재 인트랜스 번역원에서 전문번역가로 활동하고 있다. 옮긴 책으로는 『주거 인테리어 해부도감』, 『사카모토 료마 평전』, 『차별받은 식탁』, 『인생의 마지막 교과서』, 『확률론적 사고로 살아라』, 『굿바이 우울증』, 『왜 당신에게 사야 하는가』, 『독서력』, 『16배속 공부법』, 『예측력』, 『질문력』, 『불로장생 탑시크릿』, 『경영에 대한 6가지 질문』, 『회사 그만뒀습니다』, 『남자의 품격』 등이 있다.

건축가, 빵집에서 온 편지를 받다

1판 1쇄 발행 2013년 9월 3일
1판 8쇄 발행 2022년 10월 31일

지은이 나카무라 요시후미, 진 도모노리
옮긴이 황선종

발행인 김기중
주간 신선영
편집 정은미, 백수연
마케팅 김신정, 김보미
경영지원 홍운선
펴낸곳 도서출판 더숲
주소 서울시 마포구 동교로 43-1 (04018)
전화 02-3141-8301
팩스 02-3141-8303
이메일 info@theforestbook.co.kr
페이스북·인스타그램 @theforestbook
출판신고 2009년 3월 30일 제313-2009-62호

ISBN 978-89-94418-60-5 13590

※ 이 책은 도서출판 더숲이 저작권자와의 계약에 따라 발행한 것이므로
　본사의 서면 허락 없이는 어떠한 형태나 수단으로도 이 책의 내용을 이용하지 못합니다.
※ 잘못된 책은 구입하신 곳에서 바꾸어 드립니다.
※ 책값은 뒤표지에 있습니다.